U0658923

# 小麦矮腥黑穗病
# 诊断与防治手册

XIAOMAI AIXINGHEISUIBING
ZHENDUAN YU FANGZHI SHOUCE

高利 主编

中国农业出版社
北京

　　小麦矮腥黑穗病（wheat dwarf bunt）是重要的国际检疫性真菌病害，是麦类黑穗病中危害最重、防治最难的病害。病原菌寄主范围非常广泛，包括18个属的80多种禾本科植物。流行年份引起的产量损失一般为30%～50%，严重时可达75%～90%，甚至绝产。该病害的病原菌可在土壤中存活10余年，在小麦加工成面粉或饲料后依然存在侵染活力，被人畜食用排泄后依然可以在适合的环境条件下萌发并造成侵染。人畜食用过量的含有小麦矮腥黑粉菌冬孢子的食物后会导致恶心、呕吐等中毒症状。

　　近年来，我国进口小麦量急剧增加，年进口量从三四百万吨持续上升到近千万吨，而小麦矮腥黑穗病是海关的重要检疫对象，其快速、准确的鉴别方法是促进国内外小麦正常贸易的重要保证。国家对小麦矮腥黑穗病的检测、监测、堵截和预防一直非常重视，国家主要

领导人曾对该病害的监测预防工作作出批示。农业农村部多年来持续设立项目"重要农作物的疫情监测",资助该病害的田间监测。

掌握小麦矮腥黑穗病的检测监测方法、发生规律等对于开展快速、准确鉴定工作非常重要。1999年,杨岩等曾翻译出版了《小麦腥黑穗病和黑粉病》,鉴于检测技术的飞速发展,以及为了更好地总结近年来该病害在检测监测、发生规律及防控技术等方面的研究进展,进而帮助从事植物检疫、植物保护等工作的基层人员准确、快速鉴别小麦矮腥黑穗病,掌握其危害特点,特以图文并茂的形式编写了本书,供基层农业技术人员参考使用。

本书内容包括病害发生与危害、病害诊断、侵染循环、发生规律和防治关键技术五个部分。在编写过程中得到各方的大力支持,谨致谢忱。由于编者水平限制和经验不足,错误和疏漏之处在所难免,敬请专家和读者批评指正。

高 利

2023年10月6日

CONTENTS **目　录**

# 一、发生与危害

小麦矮腥黑穗病（wheat dwarf bunt）是包含我国在内的40多个国家的重要检疫性病害，是麦类黑穗病中危害最重、防治最难的病害（Hoffman，1982）。1847年Kühn首次在捷克发现小麦矮腥黑穗病，直到1935年Young根据小麦矮腥黑穗病病株矮化明显、分蘖多、病穗紧密及病粒硬等特征，将其与小麦普通腥黑穗病区分开来。小麦矮腥黑穗病目前已分布于欧洲、美洲、亚洲、大洋洲和非洲等地近60个国家，如欧洲的德国、法国、比利时、丹麦、瑞士、意大利等，北美洲的加拿大和美国。美国为该病主要发生区域，主要集中在华盛顿、爱达荷以及科罗拉多等7个州。美国发生小麦矮腥黑穗病后，随后拉丁美洲，亚洲的巴基斯坦、伊拉克、日本等7个国家也发现该病，大洋洲的澳大利亚及非洲的埃塞俄比亚等国家也报道发现了该病。

小麦矮腥黑穗病的病原菌是小麦矮腥黑粉菌（*Tilletia controversa* Kühn），其寄主范围非常广泛，除了能侵染小麦，还能侵染大麦属、黑麦属及燕麦草属18个属的

80多种禾本科植物。感病植株矮化，多分蘖，通常发病率约等于产量损失率。流行年份引起的产量损失一般为30%～50%，严重时可达75%～90%，甚至绝产。小麦矮腥黑穗病除导致产量损失外，还严重影响面粉的品质，由于病菌孢子中含有三甲胺，导致未经有效处理的病麦加工面粉带有腥臭味。小麦矮腥黑粉菌的冬孢子在小麦加工成面粉或饲料后依然存在侵染活力，被人畜食用后排泄出来依然可以在适合的环境条件下萌发并成功侵染寄主。另外，人畜食用过量的含有小麦矮腥黑粉菌冬孢子的食物后会导致恶心、呕吐等中毒症状。

周益林等（2007）根据发生此病的危险程度将我国麦区划分为5个区域：极高危险区包括西北高原区的新疆、青藏高原部分、黄土高原（陕、甘、宁）和内蒙古麦区；高危险区为黄河中下游区：包括华北大部、华东北部及东北南部麦区；局部发生区指长江中下游中南及西南高海拔麦区，包括山区和丘陵地区；偶发区包括台湾及广东、广西高海拔地区；低危险区仅包括海南省。Jia等（2013）利用地理信息系统（GIS）分析了中国冬小麦产区小麦矮腥黑穗病的发生风险，建立了该病害高、中、低、极低（包括无风险）的区域，分别占中国冬小麦总种植面积的27.33%、27.69%、38.12%和6.86%。

# 二、病害诊断

小麦矮腥黑粉菌（*Tilletia controversa* Kühn）属担子菌亚门（Basidiomycotina）冬孢菌纲（Teliomycetes）黑粉菌目（Ustilaginales）腥黑粉菌科（Tilletiaceae）腥黑粉菌属（*Tilletia*）。

## （一）田间诊断

小麦矮腥黑穗病早期症状主要表现为植株矮化（为正常株高的一半）、多分蘖（为正常分蘖的2～3倍），最明显的症状发生在小麦穗部成熟以后，病株的每个穗粒中均充满黑色籽粒状的菌瘿（由小麦矮腥黑粉菌的冬孢子组成；薄且成膜的子房壁包被在周围）（图1）。通常在雨天，菌瘿在吸水胀破后，里面的黑色冬孢子外溢而出（图2），待小麦穗部彻底成熟后，球形的菌瘿会进入干燥状态，坚硬且难以压碎（图3）。

图1　小麦矮腥黑穗病病穗

图2　病原菌黑色冬孢子外溢

图3　小麦矮腥黑穗病病穗与菌瘿（左）及健康麦穗与小麦籽粒（右）

## （二）病原菌形态学鉴定

### 1. 冬孢子的形态特征

光学显微镜下冬孢子为球形或近球形，黄褐色至红褐色，镶嵌在透明的 $1.5 \sim 5.5\mu m$ 厚的胶状鞘中，直径连鞘在内为 $19 \sim 24\mu m$，有时为 $16.8 \sim 31.0\mu m$。外壁网脊高度通常为 $1.5 \sim 3\mu m$，$70\%$ 以上的冬孢子网脊高度集中在 $1.5 \sim 2.5\mu m$ 之间（图4）。不孕细胞呈规则球形，直径 $9 \sim 22\mu m$，具光滑的壁，呈透明、很浅的淡绿或淡褐色，有时包被在厚 $2 \sim 4\mu m$ 的透明胶状鞘中（图5）。

图4　扫描电镜下冬孢子形态（高利拍摄）（标准比例尺=10μm）

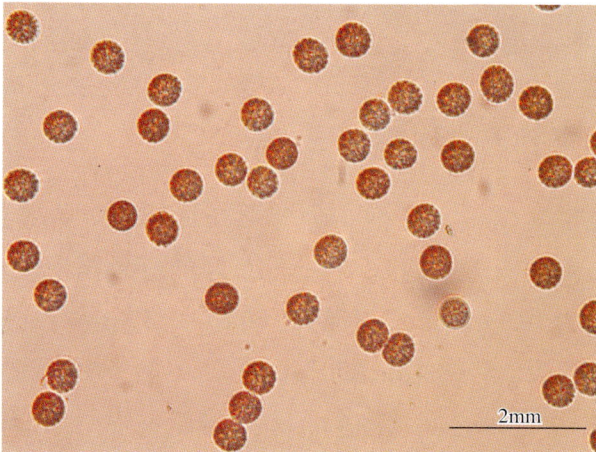

图5　光学显微镜下冬孢子形态（高利拍摄）（标准比例尺=2mm）

## 2.冬孢子萌发

冬孢子萌发需要长期低温和光照。在最适的实验室条件下，小麦矮腥黑粉菌冬孢子通常在4周左右内萌发，萌发的基本温度是：−2℃（最低）、3～8℃（最适）和15℃（最高）。冬孢子若先在5℃下培养3～4周，再移至−2～0℃，在短时间内便可大量萌发。另外，弱光会刺激冬孢子的萌发，绿光抑制萌发而蓝光激发萌发，波长400～600nm的辐射刺激孢子萌发最为有效。在室内培养一般可采用2盏40W的白色冷光荧光灯作为光源。冬孢子在中性到酸性条件下的萌发率较高，当pH为7.8～8.2时萌发减少，冬孢子萌发见图6。

## 3.冬孢子荧光显微学特征

根据冬孢子自发荧光显微学特征，应用激光共聚焦扫描显微技术（laser scanning confocal microscopy）对小麦矮腥黑粉菌和小麦光腥黑粉菌的冬孢子自发荧光特征进行检测，结果发现自发荧光在这两种冬孢子的空间分布上存在明显差异：小麦矮腥黑粉菌冬孢子的自发荧光物质主要分布在外孢壁和网脊上，而小麦光腥黑粉菌冬孢子的自发荧光物质主要分布在孢壁上，两者在原生质中均分布较少（图7）（蔚慧欣，2016）。

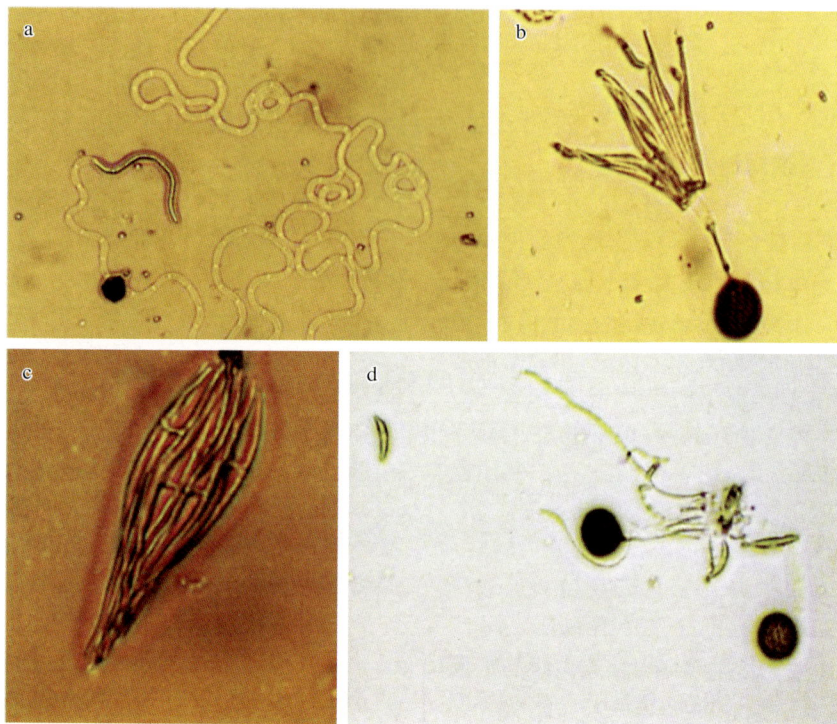

图6　冬孢子萌发过程中不同阶段的形态

a.具有多个萌发孔的萌发冬孢子　b.丝状初生担孢子
c.H体　d.腊肠状次生担孢子

# （三）病原菌分子鉴定

## 1.血清学鉴定方法

通过ELISA测定了交叉反应（表1），鉴别了抗体类型（表2），并进行了抑制和竞争试验验证（表3）。

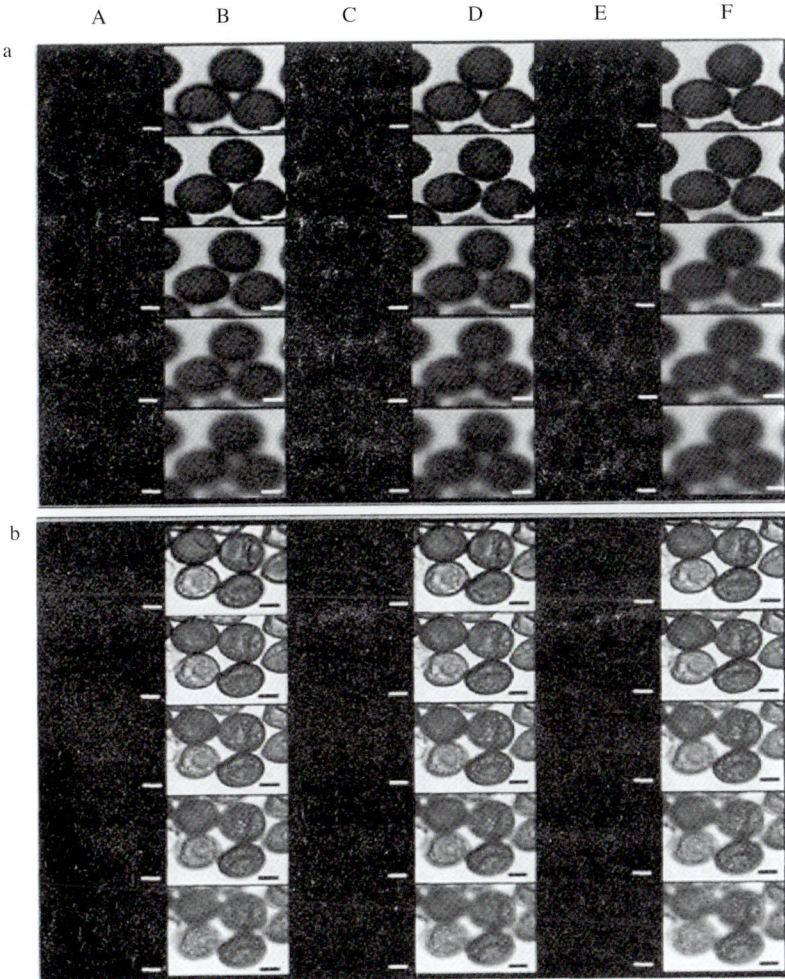

图7　小麦矮腥黑粉菌和小麦光腥黑粉菌冬孢子在Leica TCS SP8 CLSM系统488nm激发下的自发荧光连续层切扫描图（标准比例尺=5μm）

　　　a.小麦矮腥黑粉菌于510～550nm的自发光

　　　b.小麦光腥黑粉菌于530～600nm的自发光

注：A、C及E列为自发荧光连续层切扫描图，B、D及F列为相应的明场扫描图。

表1　ELISA测定单克隆抗体与各种真菌的交叉反应

| 单克隆抗体 | Tilletia controversa | Tilletia foetida | Puccinia tniticina | Puccinia stniformis f. sp. tritici | Puccinia gramins | 对照 |
|---|---|---|---|---|---|---|
| D-1 | 0.85 ± 0.01 | 0.06 ± 0.00 | 1.29 ± 0.03 | 0.08 ± 0.00 | 0.06 ± 0.01 | 0.03 ± 0.00 |
| D-2 | 0.71 ± 0.01 | 0.02 ± 0.00 | 0.07 ± 0.01 | 2.59 ± 0.02 | 2.18 ± 0.04 | 0.11 ± 0.01 |
| D-3 | 1.00 ± 0.05 | 0.10 ± 0.01 | 0.18 ± 0.04 | 0.09 ± 0.03 | 0.04 ± 0.01 | 0.03 ± 0.00 |
| D-4 | 1.04 ± 0.03 | 0.13 ± 0.03 | 0.09 ± 0.01 | 0.07 ± 0.01 | 0.05 ± 0.02 | 0.03 ± 0.00 |
| D-5 | 1.21 ± 0.07 | 0.10 ± 0.01 | 0.10 ± 0.01 | 0.07 ± 0.01 | 0.05 ± 0.00 | 0.03 ± 0.01 |
| D-6 | 0.08 ± 0.01 | 0.08 ± 0.01 | 2.54 ± 0.09 | 1.95 ± 0.02 | 1.33 ± 0.06 | 0.53 ± 0.08 |

注：在450 nm处测定吸光度值，结果是4次测量的平均值和标准差。

表2　抗体类型的鉴别

| | IgA | IgM | IgG1 | IgG2a | IgG2b | IgG3 |
|---|---|---|---|---|---|---|
| 阴性对照 | 0.004 | 0.006 | 0.004 | 0.006 | 0.004 | 0.005 |
| 阳性对照 | 2.624 | 2.635 | 2.617 | 2.639 | 2.654 | 2.668 |
| D-1 | 0.011 | 2.143 | 0.027 | 0.059 | 0.004 | 0.094 |
| D-2 | 0.005 | 2.001 | 0.038 | 0.073 | 0.007 | 0.139 |
| D-3 | 0.003 | 0.086 | 1.998 | 0.125 | 0.094 | 0.016 |
| D-4 | 0.001 | 0.083 | 2.140 | 0.267 | 0.066 | 0.018 |
| D-5 | 0.012 | 0.102 | 2.590 | 0.086 | 0.012 | 0.015 |
| D-6 | 0.007 | 0.095 | 2.079 | 0.114 | 0.072 | 0.021 |

表3 抑制试验和竞争试验的验证数据

| 冬孢子浓度 | 抑制试验 | | | | | | | | 竞争试验 | | | | | | | |
| --- | --- | --- | --- | --- | --- | --- | --- | --- | --- | --- | --- | --- | --- | --- | --- | --- |
| | Intraday CVs (100%) | | | | Interday CVs (100%) | | | | Intraday CVs (100%) | | | | Interday CVs (100%) | | | |
| | D-1 | D-3 | D-4 | D-5 | D-1 | D-3 | D-4 | D-5 | D-1 | D-3 | D-4 | D-5 | D-1 | D-3 | D-4 | D-5 |
| 1ng/mL | 2.17 | 3.57 | 1.84 | 4.30 | 9.15 | 7.42 | 9.50 | 9.35 | 1.84 | 3.52 | 1.97 | 4.11 | 8.89 | 7.41 | 9.57 | 9.34 |
| 10ng/mL | 2.17 | 5.02 | 1.83 | 5.38 | 7.48 | 11.01 | 6.82 | 11.96 | 2.15 | 4.84 | 1.63 | 5.36 | 7.46 | 10.90 | 7.09 | 12.00 |
| 100ng/mL | 1.50 | 4.65 | 4.24 | 3.06 | 8.05 | 8.14 | 6.52 | 7.69 | 1.75 | 4.80 | 4.14 | 2.97 | 8.27 | 8.10 | 6.61 | 7.89 |
| 1μg/mL | 1.51 | 6.36 | 5.00 | 7.58 | 6.43 | 9.17 | 8.43 | 8.46 | 1.26 | 6.51 | 4.91 | 7.78 | 6.55 | 9.29 | 8.39 | 8.69 |
| 10μg/mL | 3.08 | 4.76 | 6.96 | 5.10 | 5.71 | 7.34 | 7.10 | 9.91 | 2.76 | 4.84 | 6.92 | 5.26 | 5.66 | 7.14 | 6.83 | 10.20 |
| 0.1mg/mL | 2.61 | 7.77 | 3.57 | 7.54 | 10.92 | 9.14 | 13.58 | 8.33 | 2.31 | 7.65 | 3.85 | 7.60 | 10.91 | 9.10 | 13.90 | 8.36 |
| 1mg/mL | 4.48 | 4.46 | 9.09 | 5.37 | 13.33 | 9.15 | 13.46 | 9.49 | 5.17 | 7.19 | 8.76 | 5.16 | 13.20 | 9.50 | 13.60 | 9.32 |
| 10mg/mL | 6.25 | 7.14 | 10.00 | 5.26 | 16.67 | 10.00 | 15.00 | 13.64 | 5.62 | 3.52 | 8.14 | 6.08 | 14.40 | 11.50 | 12.80 | 13.90 |

注：数据表示在同一天（Intraday）和在3个不同的日子（Interday）进行的3次测定。CV表示变异系数。

　　高利等（2015）制备了小麦矮腥黑粉菌的单克隆抗体，结合免疫荧光显微镜建立了一种快速、灵敏的鉴别小麦矮腥黑粉菌和小麦网腥黑粉菌的方法。该方法采用可特异识别小麦矮腥黑粉菌冬孢子的单克隆抗体 D-1 以及 PE-Cy3 的山羊抗小鼠抗体（495nm 和 555nm 的重叠光激发）的偶联，经显微镜观察发现，小麦矮腥黑粉菌冬孢子的孢子外壁和网脊处橘黄色的荧光信号较强，而小麦网腥黑粉菌冬孢子只在原生质中观察到绿色信号。该方法的检测灵敏度是单克隆抗体 D-1 浓度 2.0μg/mL，可用于快速鉴定小麦矮腥黑粉菌和小麦网腥黑粉菌（图8）。

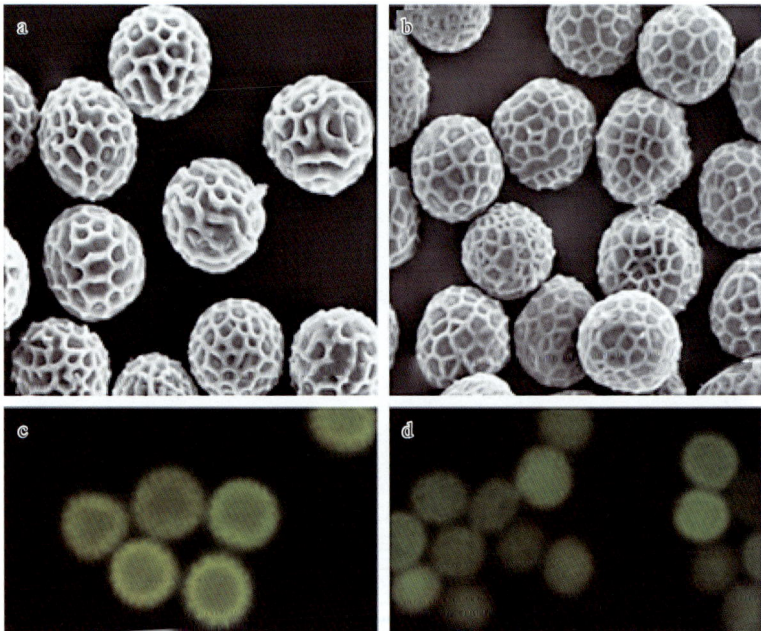

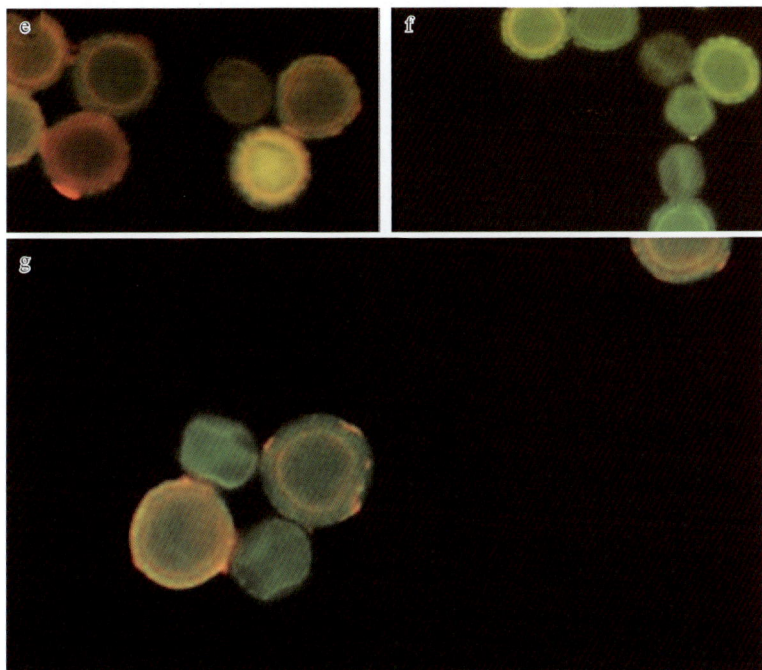

图8 小麦矮腥黑粉菌单克隆抗体检测

a.扫描电镜下的小麦矮腥黑粉菌冬孢子　b.扫描电镜下的小麦网腥黑粉菌冬孢子　c.单克隆抗体D-1（2.0μg/mL）与小麦矮腥黑粉菌冬孢子结合　d.单克隆抗体D-1（2.0μg/mL）与小麦网腥黑粉菌冬孢子结合　e.单克隆抗体D-1（4.0μg/mL）与小麦矮腥黑粉菌及小麦网腥黑粉菌冬孢子的混合检测　f、g.单克隆抗体D-1（2.0μg/mL）与小麦矮腥黑粉菌及小麦网腥黑粉菌冬孢子的混合检测

注：c、d显示495nm处的吸光度，e、f、g显示495nm及555 nm处的吸光度，c、d、e、f放大倍数为25.2倍，g放大倍数为50倍，e、f、g中有橘色光圈的是小麦矮腥黑粉菌冬孢子，绿色的是小麦网腥黑粉菌冬孢子。

## 2.分子检测技术体系

（1）基于扩增片段长度多态性（amplified fragment length polymorphism，AFLP）

用E08/M02引物组合在17个小麦矮腥黑粉菌生理小种中扩增出小麦矮腥黑穗病菌的特异性AFLP图谱（图9），

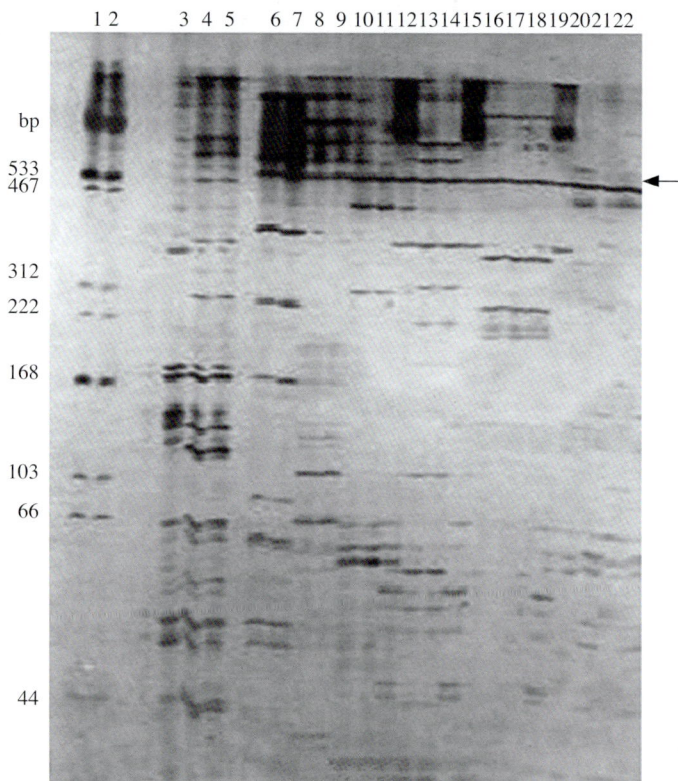

图9　小麦矮腥黑粉菌17个生理小种的AFLP图谱

1～2.λDNA　3～5.小麦网腥黑粉菌　6～22.小麦矮腥黑粉菌17个生理小种

基于小麦特异矮腥黑粉菌片段（图10）设计一对SCAR引物(SC-0149/SC-02415)，可在小麦矮腥黑穗病菌中扩增出367bp的特异性DNA片段。

GGGGCCCTNT GGGGGCGATC TGAGNGAGAC AGTCGACCTG AANACCTTCT

CCGACGACGA AGTATAGCGT CTGGCTGAGA ACCTGAAGAA AGGTATGCCA

ATCGCCACTC CGGTGTNAGA NGGCGCGAAA GAGAGCGAAA TCAAAGAGCT

GCTGCAGCTC GGCGGCTTGC CTTCTTCCGG TCAGATTACC CTGTTTGACG

GCCGTACCGG TGAGCAGTTC GAACGTCAGG TAACCGTTGG CTACATGTAC

ATGCTGAAAC TCAACCACCT GGTTGATGAC AAGATGCATG CACGTTCAAC

CGGTTCCTAC AGCCTGGTTA CTCAGCAGCC GCTGGGTGGT AAGGCACAGT

TCGGTGGTCA GCGCTTTGGT GAGATGGAAG TATGGGCACT GGAAGCATAT

GGTGCCGCGT ATACCCTGCA GGAAATGCTT ACCGTTACTC AGGACTCATA A

图10　小麦矮腥黑粉菌的特异片段序列

注：下划线标出的是SCAR引物。

Liu等（2009）检测了该引物（SC-0149/ SC-0215）的特异性（图11），该引物对所有供试植株的回检准确率达100%，灵敏度达到10ng的模板DNA浓度，以此引物为基础研发的小麦矮腥黑粉菌PCR检测试剂盒可用于病害的早期诊断（图12）。

引物序列：

SC-0149：5'-CTCCGACGACGA-AGTATAGCG-3'；

SC-0215：5'-GGTATACGCGGCACCATATGC-3'。

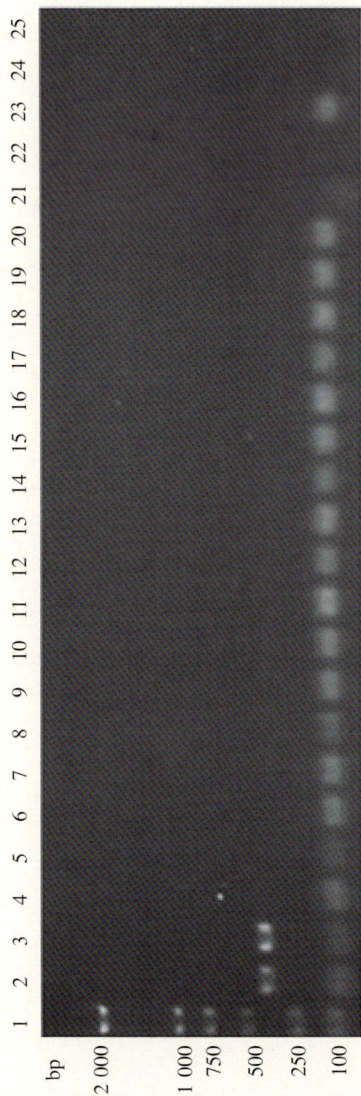

图 11　小麦矮腥黑穗病菌 SCAR 标记的特异性

1. DNA marker　2 ~ 3. 小麦矮腥黑粉菌　4 ~ 11. 小麦网腥黑粉菌　12 ~ 18. 小麦光腥黑粉菌　19. 大麦散黑粉菌　20. 小麦散黑粉菌　21. 稻粒黑粉菌　22. 甘蔗腥黑粉菌　23. 高粱轴黑粉菌　24 ~ 25. 玉米瘤黑粉菌

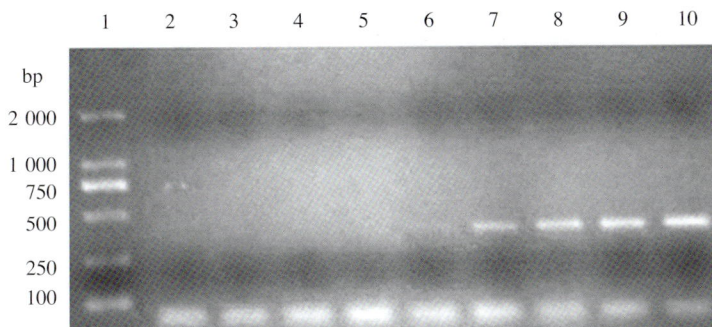

图 12　SCAR 标记的灵敏度检测

1. Marker　2. 水　3. 0.01ng　4. 0.1ng　5. 1.0ng　6. 50.0ng　7. 10.0ng
8. 20.0ng　9. 30.0ng　10. 40.0ng

反应体系：1μL模板DNA（40ng/μL），2.5μL10×PCRbuffer，0.1μLdNTP，引物SC-0149/SC-0215（浓度均为10μmol/L）各1μL，0.4μLTaq，ddH$_2$O补齐至25μL。

反应条件：94℃预变性3min；94℃变性30s，58℃退火30s，72℃延伸2min，30个循环；72℃最终延伸7min。

**（2）单序列间重复标记**（inter-simple sequence repeat，ISSR）

根据引物ISSR-818（5'-TGTGTGTGTGTGTGTGTGRC-3'）可扩增到小麦矮腥黑粉菌中长度为867bp的特异性DNA片段（图13和图14），借助DNAMAN5.2.2软件，设计出特异性引物TCKSF3/TCKSR3，将ISSR标记转化为SCAR标记419bp片段（图15），检测灵敏度为5ng（来自1.1ug小麦矮腥黑粉菌的冬孢子）（图16）的小麦矮腥黑粉菌

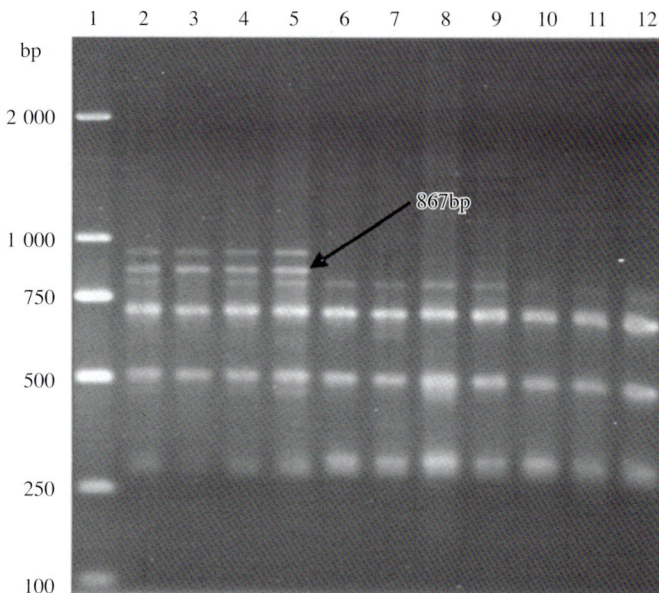

图13　ISSR-818引物对小麦矮腥黑粉菌、小麦网腥黑粉菌、小麦光腥黑粉菌的扩增图谱

　　1. DL2000 DNA marker　2～5. 小麦矮腥黑粉菌　6～9. 小麦网腥黑粉菌 10～12.小麦光腥黑粉菌

```
  1    CACACACACA CACACAGGAA GCAAGGCGTG GGGCCAGCTC CGGGCAAAAC TAGAATCGGC
 61    TCGGGGCAAA ACTTTTTGCT AGGGACAAAA CTCCAAAGCG CCGAGGTGGT GTGGAAGATG
121    GGAAGGTGGT GGTGAAAGAG TTGGACGAGC AGAACACGTC GAGCTCTTTT GAGCAGCACA
181    GGAAGGCAGC ACATATGAGA AAAGGATACT GGATAATGCA GAGATTCATG TCATGAGAAA
241    GAAAGGTAAT GCATACATAT GAGAGTTGAG ACCGAAGACA AGCCGCAGCG CTCATATGTC
301    ATCATAAAG ACATGAGTTG ACCTTGTGTT CGATCGGCCG CAAGGCTGTG
361    GACAGCGGCT GCAATTATGC CCGGCTTGCA TGCAGTTGCT ACAATGCCTT GTCTGCTTCC
421    TCGCTTTAGC CTTTGCCAAT TCTGCCGCCG TGAGAAGACG GCCGGTTGCC TTGGTGGCGG
481    CAGCGACCTT GCGCTGCTCC GGGTTTAGAG GGTCCAAAAG ACGAGGGAAA CGGACATCCT
541    GGAGGCCCTC ATCCGTGCGC CACTGAGGAT GTATGCTGGA GAGCGGAATC GGCTGACTGC
601    TCGCGCGTAG TTGACAGAGG GTGTGCGAGC AAGGAAGACC CATGGTGACC GTGATAATGC
661    AGGTGCATGT AATCACCCCG GTCTCAATTG ATCTCCGTGC CGCTTCCACA TGACGGTTG
721    CCATTTCGTC CTGCGCGTGG ATGAGCCGAA GCGCATATCT GGAGACGGTA TTGGCGACCT
781    CGACGTAAAA TCGATCCCCT AGAATATTGA TGGGGACTTT GTTGTGATCG TTTGCAATGT
841    CGCTTTCAAT CTGTGTGTGT GTGTGTG
```

图14　小麦矮腥黑粉菌特异DNA片段序列

注. 划线部分为SCAR引物。

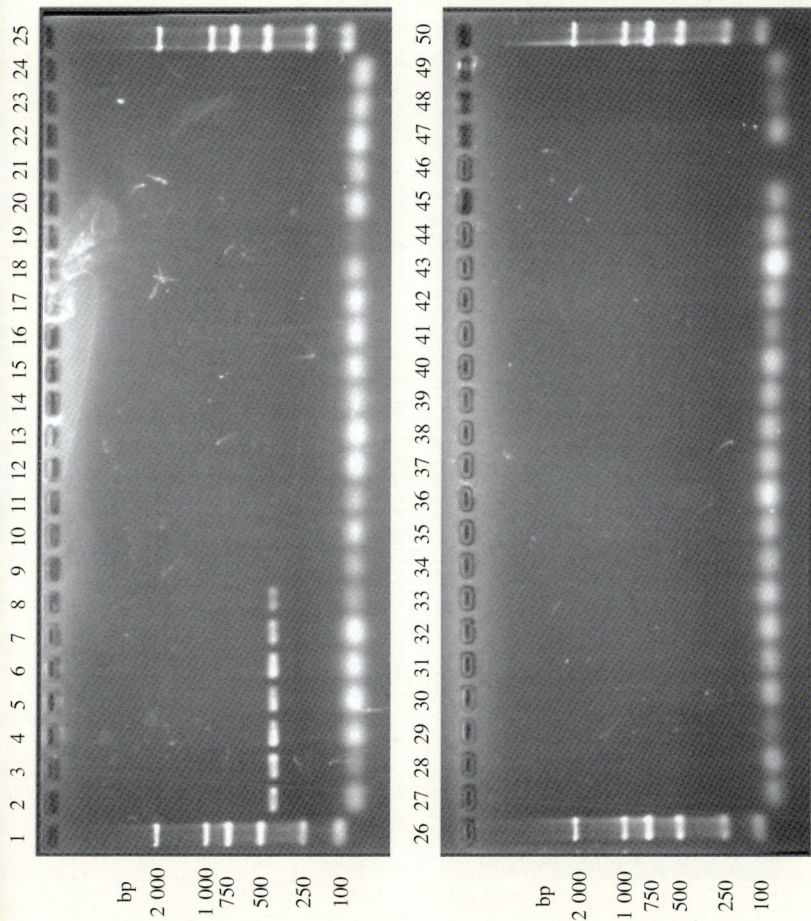

图15　小麦矮腥黑粉菌 SCAR 标记（419bp）的特异性检测

1、25、26、50. DL 2000 DNA marker　2～9. 小麦矮腥粉菌　10～17. 小麦网腥黑粉菌　18～23. 小麦光腥粉菌　24、27～28. 小麦散黑粉菌　29～33. 甘蔗鞭黑粉菌　34～36. 芽孢白僵菌　37～40. 玉米黑粉菌　41～42. 小麦叶锈菌　43～44. 小麦条锈菌　45～46. 小麦秆锈菌　47. 小麦白粉菌　48. 禾谷镰刀菌　49. 对照（ddH$_2$O）

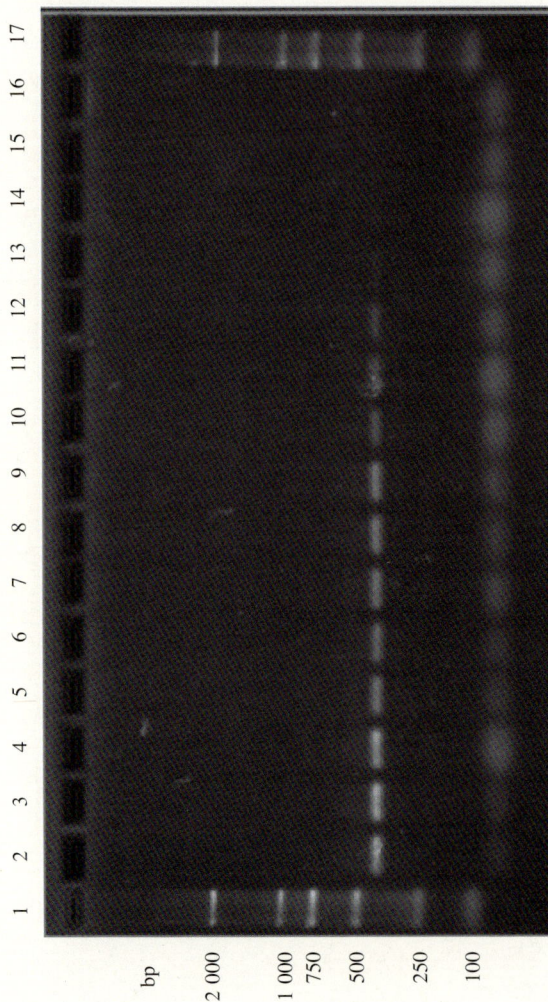

图 16　小麦矮腥黑粉菌 SCAR 标记（419bp）的灵敏度检测

1、17. DL 2000 DNA marker　2. 灵敏度为100ng　3. 灵敏度为90ng　4. 灵敏度为80ng　5. 灵敏度为70ng
6. 灵敏度为60ng　7. 灵敏度为50ng　8. 灵敏度为40ng　9. 灵敏度为30ng　10. 灵敏度为20ng　11. 灵敏度为10ng
12. 灵敏度为5ng　13. 灵敏度为1ng　14. 灵敏度为100ng　15. 灵敏度为10ng　16. 灵敏度为1ng

DNA，对所有供试菌株的回检准确率为100%，可用于小麦矮腥黑粉菌的快速分子检测（Gao et al.，2010）。

根据引物ISSR-818（5'-TGTGTGTGTGTGTGTGRC-3'）还可扩增到小麦矮腥黑粉菌中长度为952bp的特异性DNA片段（图17和18），借助DNAMAN 5.2.2软件，设计出特异性引物TCKSF2/TCKSR2，可特异性扩增出496bp片段（图19），检测灵敏度为1ng（来自1.1μg小麦矮腥黑粉菌的冬孢子）（图20）的小麦矮腥黑粉菌DNA，对所有供试菌株的回检准确率为100%，也可用于小麦矮腥黑粉菌的快速分子检测（Gao et al.，2011）。

419bp SCA Rmarker具体的引物序列如下：

TCKSF3：5'-CACACACACACAGG-AAGCA-3'；

TCKSR3：5'-CGAGGAAGCAGACAAGGCAT-3'。

反应体系：0.5μL模板DNA（40ng/μL），2.5μL10×PCRbuffer，2.0μL Mg$^{2+}$（25mmol/L），0.3μLdNTP，引物TCKSF3/TCKSR3（10μmol/L）各1μL，0.3μLTaq，ddH$_2$O补齐至25μL。

反应条件：94℃预变性5min；94℃变性30s，55℃退火30s，72℃延伸1min，30个循环；72℃最终延伸10min。

496 bp SCAR marker具体的引物序列如下：

TCKSF2：5'-TTGCTGGCTCTTCGCC-CTGA-3'；

TCKSR2：5'-TTGCCCGTCTTGCGGTTGAT-3'。

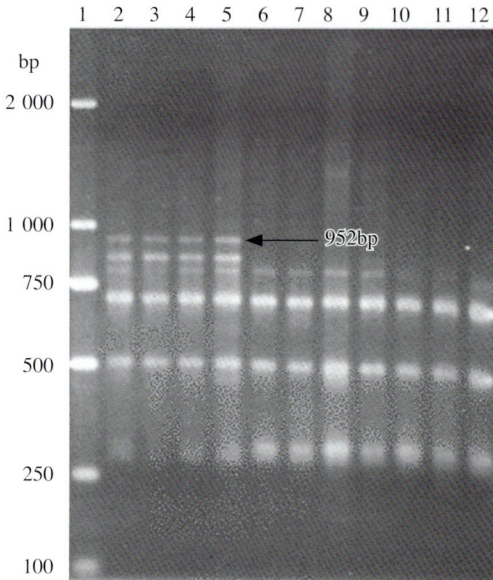

图17　由ISSR818引物扩增的952bp特异性片段

1. DL 2000 DNA marker　2～5.小麦矮腥黑粉菌
6～9.小麦网腥黑粉菌　10～12.小麦光腥黑粉菌

　　反应体系：0.5μL模板DNA（40ng/μL），2.5μL10×PCRbuffer，2.0μL Mg$^{2+}$（25mmol/L），0.3μL dNTP、引物TCKSF2/TCKSR2（10μmol/L）各1μL，0.3μLTaq，ddH$_2$O补齐至25μL。

　　反应条件：94℃预变性5min；94℃变性30s，60℃退火30s，72℃延伸1min，30个循环；72℃最终延伸10min。

```
1     CACACACACA CACACAGGCT GCCCTCTCCG CCGTCACGTC CGGGTCCAAG TCAGCATGGG

61    AGCTGCCCAC CTCCCGTCGT GCCACTGACC GCCTCCCTCC ACGCCCGCCA GGCCGAAGTC

121   GCCGACCAAC ACATCTTCAA CACCCGCATC CCGGACGAAG GTCGGCCGTT TGCTGGCTCT

181   TCGCCCTGAC GAATTGTATC CGGCTGGAGG TCATGAAGAA GTCTGGGTTG GATCTCTTTG

241   AGCTCAGTTA AGCGTATCCC CTGTCAACGA TTGGAGGTCA GTTCCCTCGC TTCCTCTCTA

301   TCTCTCGCTT CTCATGCCTC TCCCTTTCTT GCTCACACCT TTACCTCTGC AGGACCATGG

361   CTGACAAGCT GGGCCGGATC AGCAATCATG GAGGGCATCG GCTACGTCCT CGCTGCCGAT

421   CCCGCCCAGA TCCTGCTCAA CCGCGGCGGA CGCGTCGTCT TTCTGGTCCT CTGGCCCTTT

481   ATCTGCTCCG TCGCTGCATT CGTCTGCATC ACCGCCATTC AGGCCTCGCC CTCGGCTGGA

541   TTTTCCTCGC CTTCCTCGCC TTTGCTTCGT ACTTGTGAGT CTCTTTCTGT GTTCCTGCAC

601   TCGTTAAATT TCTACTGATC ACGCGTTCCC GGCGCAGTGC TCTCCATCAA CCGCAAGACG

661   GGCAACGTCG CCACCAAGGT CAAGATGGAC GTCCACCTCA CTGTTCGGGA GCGCACCATG

721   GAAATCTACG GTGAGTCATG CCGCCCTCTC CTATTTATCT TATCATGTAA TCATGTCTCC

781   TCACTCTCTC TCTCCTCCGA GCTCGCATCG CTTTTAGTGC AACCAGTCAC AAACTCACAC

841   TACTCCCATC AGTTCCGATG CCCCACCTCA TCAGTCAATA GTCATCATGC ACCCTCCATC

901   TGACCATCAC CCATAGGTCA CATCGCTCTC TCTTTCTGTG TGTGTGTGTG TG
```

图 18　小麦矮腥黑粉菌特异 DNA 片段的序列

注：划线部分是 SCAR 引物。

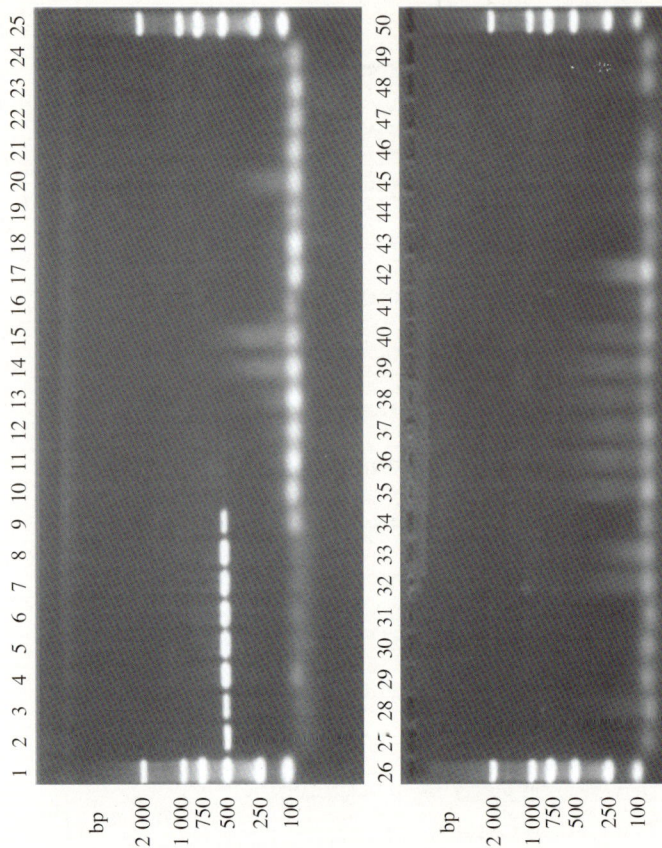

图19 小麦矮腥黑粉菌 SCAR 标记（496bp）的特异性检测

1、25、26、50. DL 2000 DNA marker 2～9. 小麦矮腥黑粉菌 10～17. 小麦网腥黑穗病菌 18～23. 小麦光腥黑粉菌 24、27～28. 小麦散黑粉菌 29～33. 甘蔗鞭黑粉菌 34～36. 芽孢白僵菌 37～40. 玉米黑粉菌 41～42. 小麦条锈菌 43～44. 小麦叶锈菌 45～46. 小麦秆锈菌 47.小麦白粉菌 48.禾谷镰刀菌 49.对照 (ddH₂O)

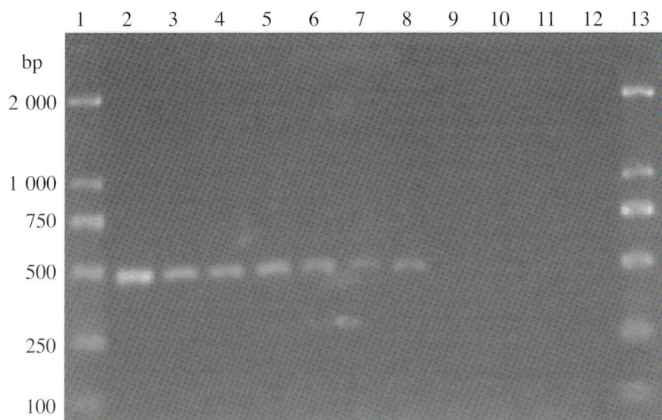

图20 小麦矮腥黑粉菌SCAR标记（496bp）的灵敏度图谱

1、13. DL 2000 DNA marker 2. 60ng小麦矮腥黑粉菌DNA 3. 50ng小麦矮腥黑粉菌DNA 4. 30ng小麦矮腥黑粉菌DNA 5. 20ng小麦矮腥黑粉菌DNA 6. 10ng小麦矮腥黑粉菌DNA 7. 5ng小麦矮腥黑粉菌DNA 8. 1ng小麦矮腥黑粉菌DNA 9. 100pg小麦矮腥黑粉菌DNA 10. 10pg小麦矮腥黑粉菌DNA 11. 1pg小麦矮腥黑粉菌DNA 12. 对照（ddH₂O）

根据引物ISSR-859（5'-TGTGTGTGTGTGTGTGTGRC-3'）可扩增到小麦矮腥黑粉菌中长度为678bp的特异性DNA片段（图21），借助DNAMAN 5.2.2软件，设计出特异性引物ISSR140A/ISSR511A，将ISSR标记转化为SCAR标记372bp片段（图22），检测灵敏度为1ng（来自1.1μg小麦矮腥黑粉菌的冬孢子）的小麦矮腥黑粉菌DNA，对所有供试菌株的回检准确率为100%，可用于小麦矮腥黑粉菌的快速分子检测（图23至图25），另外，该检测方法可实现小麦矮腥黑穗病菌单个冬孢子的检测（图26）以及小麦不同发育时期的早期检测（图27）（Gao et al., 2014）。

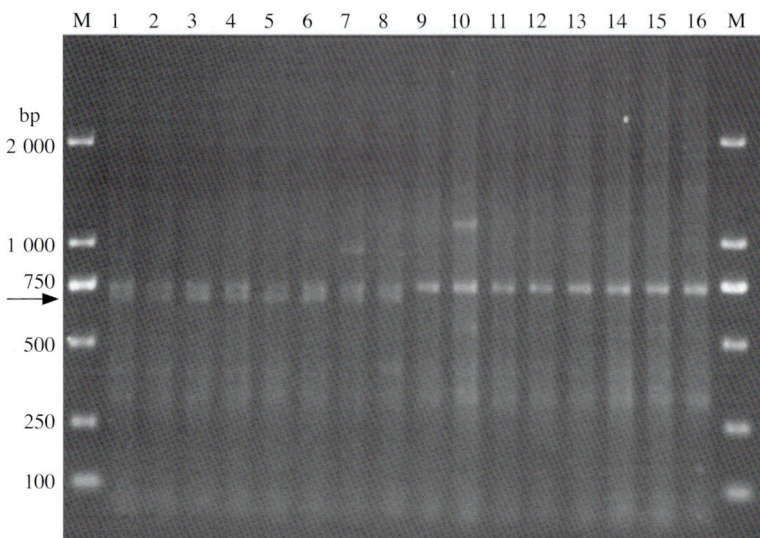

图21 ISSR-859获得小麦矮腥黑粉菌的特异片段

1～8.小麦矮腥黑穗病菌　9～12.小麦光腥黑穗病菌

13～16.小麦网腥黑穗病菌　M. DL 2000 DNA marker

注：箭头标记为特异条带。

```
1   TGTGTGTGTG TGTGTGACAT TACATAAGCC GTCATCACAC ATCATCCATG TGTCCGGTGC
61  GACGGAGATA TCCGATACGA GCGCCGGCGA TTGTGGATCA TGTGATGATT GCCAGAAGGA
121 AGTGGGGAAC AGAACCACAT GGTGGTCGGG AAAGATTAGA TAAGATAAGG AGAATTATCA
181 CCACCACCAC CGCCGCCGCT GTCAGTCTAC GCAGCAGCAG AGACGGATGC AGCTGTTGCG
241 CTTTGTGCGC TGCCCTGCTG TGGTCTCCGT CGTCCATTCC GCTGCTACGT TGGGCTGCGC
301 GCCCGCCCCG TCGAACGGCC ACCACCAACA CCTGCACCAT CATACCACCA CCGCGCATCA
361 GCCCGCCCGT CCTCTCGCGC GTGCTGCTCT GCCTACAAGT CGCACGACCG ACTTTCCGAG
421 AGCCTGCCTC TCCCTACCAT GGACCCCGGC TTCAAGAACG ACTTGCGGTC CCTCCACACG
481 GATACCTCGG CCTTCTTGAT GCCTTCGTCC CACACCACAG CCCGGACAAT TCGATAGTCT
541 TTCAACACGA TGTCCGGCA TAACCACGCT CCTCGGAGAC ACCCATCGGC TAAGAACCGA
601 CACACCTCGG CTAACAACCG ACCACCAAGG CGTGGGCGCC CTGGATCTTC TACTCCCGCC
661 GCCACACACA CACACACA
```

图22　小麦矮腥黑粉菌特异DNA片段序列

注：ISSR-859序列用单线标出，SCAR标记引物ISSR140A/ISSR511A用双线标出。

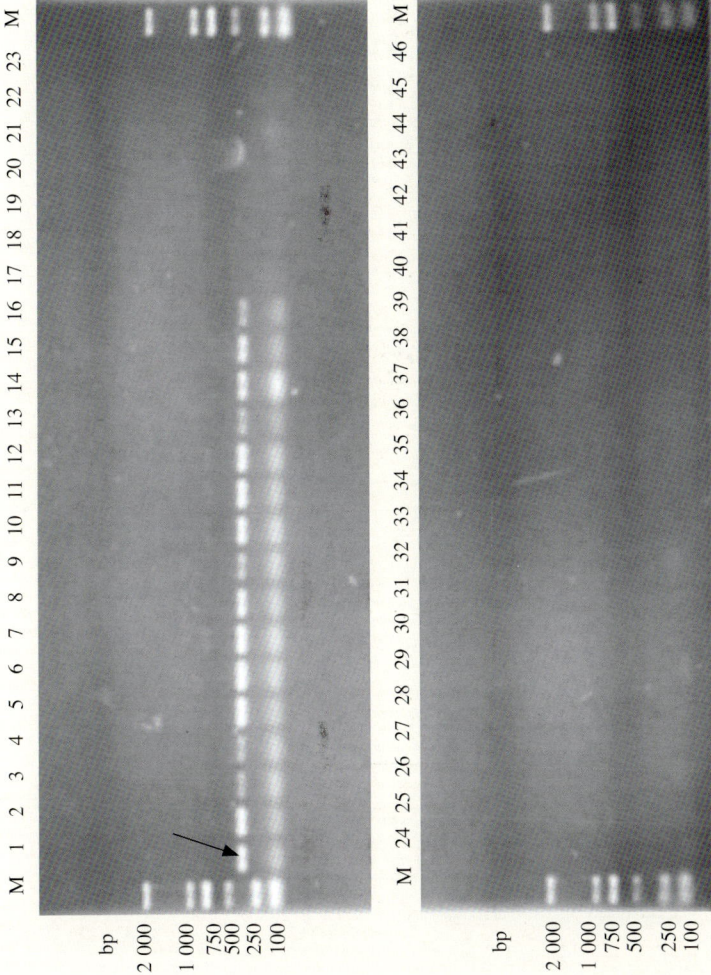

图 23　SCAR 引物 ISSR140A/SSR511A 的特异性

1 ~ 16. 小麦矮腥黑穗病菌　17 ~ 32. 小麦网腥黑穗病菌
33 ~ 45. 小麦光腥黑穗病菌　46. 阴性对照　M. DL 2000DNA marker

注：特异条带用箭头标记。

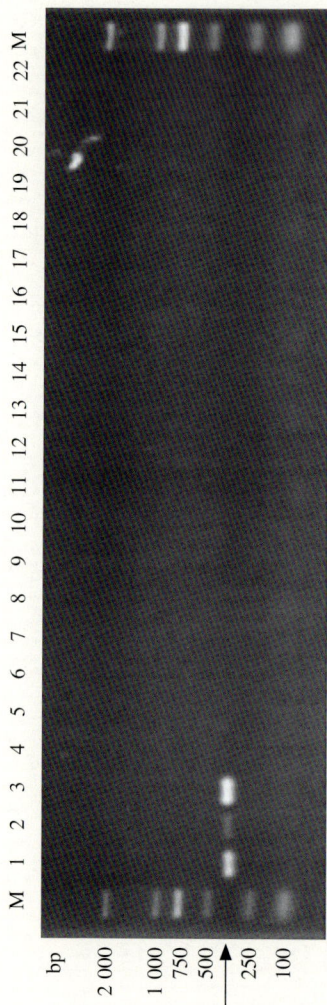

图 24　SCAR 引物 ISSR140A/SSR511A 更广范围内的特异性

1～3. 小麦矮腥黑穗病菌　4～5. 小麦条锈病菌 PS1、PS2　6～7. 小麦叶锈病菌 PT1、PT2　8～9. 小麦秆锈病菌 PG1、PG2　10～11. 小麦白粉病菌 BG1、BG2　12～14. 禾谷镰刀菌 FG1-FG3　15. 小麦散黑穗病菌　16. 大麦坚黑穗病菌　17. 稻粒黑粉病菌　18. 甘蔗鞭黑粉病菌　19. 高粱坚黑穗病菌　20. 玉米瘤黑粉病菌　21～22. 玉米丝黑穗病菌 SR1 和 SR2 分离株　M. DL 2000 DNA marker

注：特异序列条带用箭头标记。

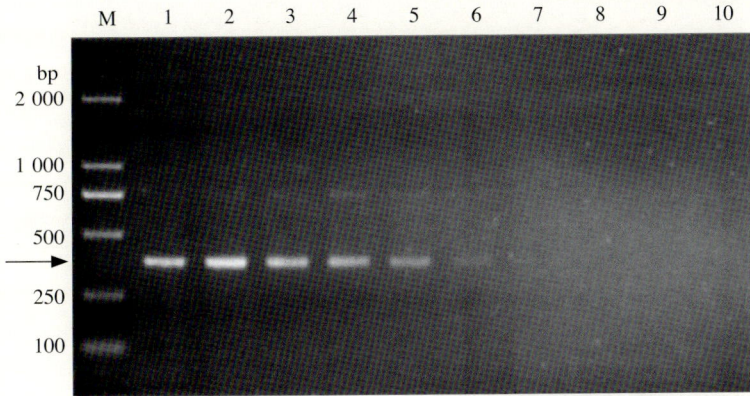

图25　SCAR标记引物ISSR140A/ISSR511A的灵敏度

M. DL 2000 DNA marker　1. 100 ng/μL　2. 50ng/μL　3. 20ng/μL　4. 10ng/μL
5. 5ng/μL　6. 1ng/μL　7. 100pg/μL　8. 10pg/μL　9. 1pg/μL　10. 0.1pg/μL

注：特异序列条带用箭头标记。

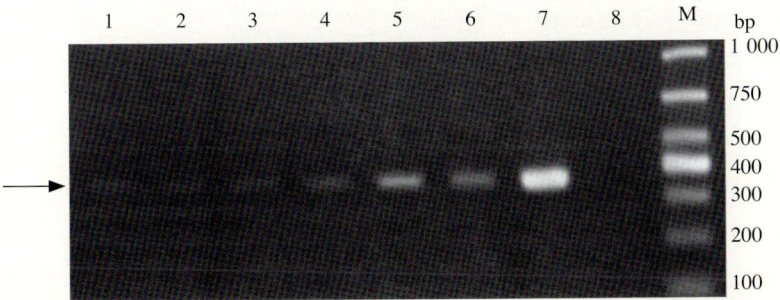

图26　SCAR标记引物ISSR140A/ISSR511A用于单个小麦矮腥黑粉菌冬孢子的检测

M. DL 2000 DNA marker　1. 1个冬孢子　2. 2个冬孢子　3. 3个冬孢子
4. 5个冬孢子　5. 10个冬孢子　6. 12个冬孢子　7. 20个冬孢子　8. ddH$_2$O对照

注：特异序列条带用箭头标记。

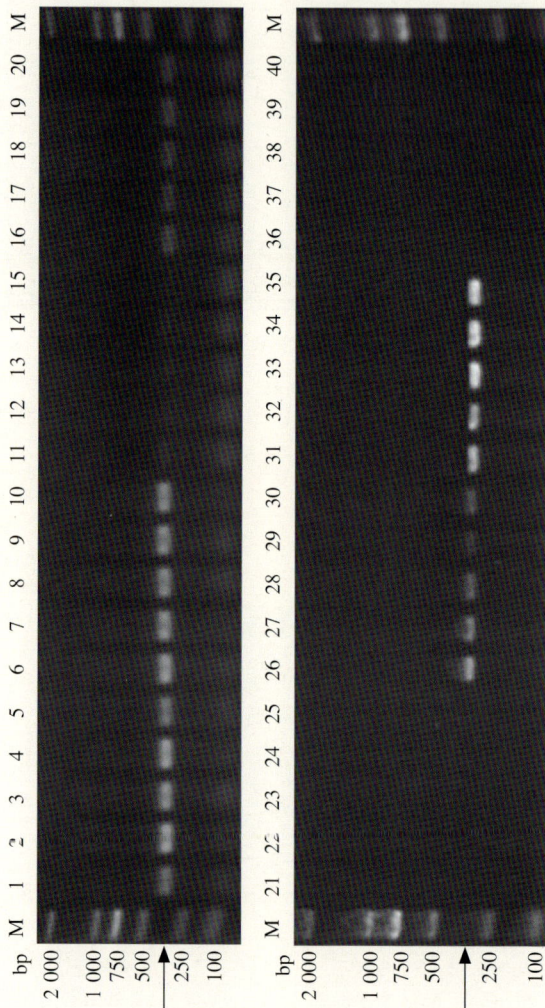

图27 小麦矮腥黑粉菌潜伏期小麦样品的 SCAR 标记检测

M. DL 2000 DNA marker 1～5. 根 6～10. 一叶期 11～15. 二叶期 16～20. 三叶期
21～25. 分蘖期 26～30. 拔节期 31～35. 成熟期 36～40. 未接种小麦矮腥黑粉菌的小麦

注：特异序列条带用箭头表示。

（3）实时定量PCR（quantitative real-time PCR，qRT-PCR）

通过SYBR Green Ⅰ和TaqMan探针建立了小麦矮腥黑穗病菌的实时荧光定量PCR标准曲线（图28和图29）。

Gao等（2014）基于SYBR Green Ⅰ和TaqMan的实时PCR获得了由质粒DNA的9个系列稀释液扩增生成的标准曲线，且标准曲线具有较高的相关系数（$R^2$=0.99）。该方法的检测灵敏度为0.1fg（CN=7.97），比传统PCR方法（CN=7.97×10$^2$）灵敏100倍（图30）。该方法可实现在小麦不同生育期病原菌的检测，为小麦矮腥黑穗病的早期检测监测提供了技术支撑。

基于SYBR Green Ⅰ的实时PCR引物序列、扩增体系、反应条件如下：

引物序列：

5'-ACGACCGACTTTCCGAGAGC-3'；

5'-GTGT-GGGACGAAGGCATCAA-3'。

反应体系：10μL2×SYBR Green qPCR Mix、浓度为10μmol/L的正反向引物各0.5μL、2μL模板DNA（浓度0.1ng至0.1fg），无核酸酶水补齐至20μL。

反应条件：94℃预变性30s，94℃变性5s，60℃退火40s。

溶解曲线的反应程序为95℃变性1min，65℃退火1min，以0.5℃的温度差从65℃升至95℃，每个温度时长为5s。

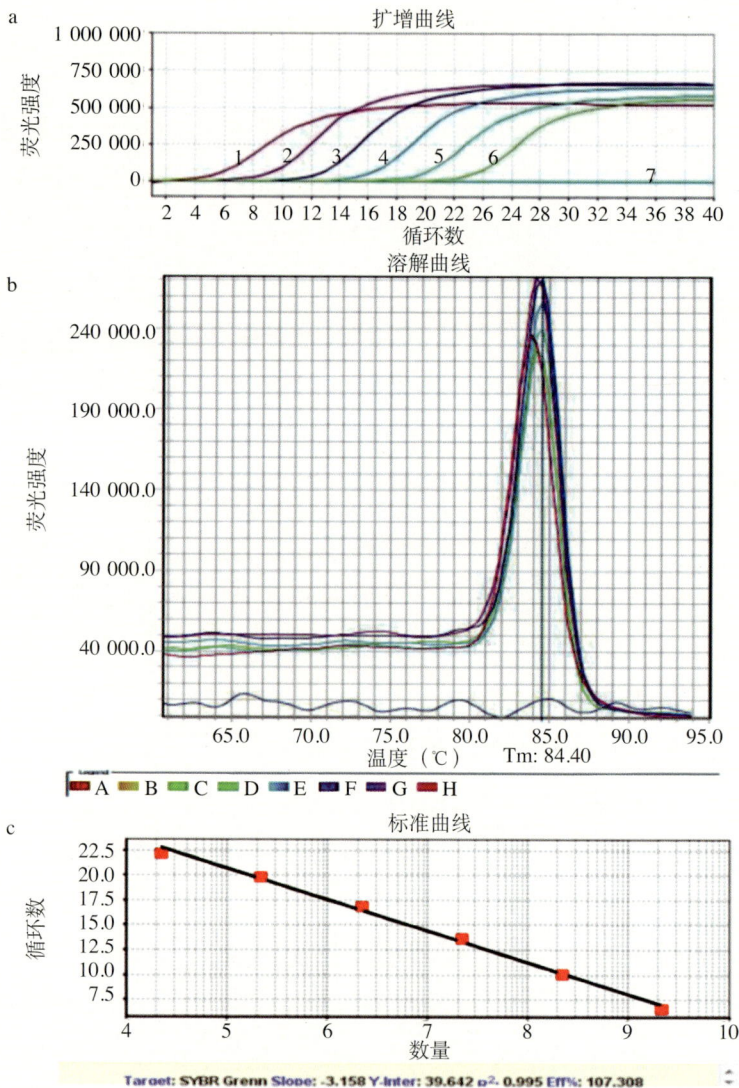

图28　SYBR Green Ⅰ实时荧光PCR标准曲线

a. 实时扩增曲线 [1 ~ 6. 10倍稀释的重组质粒
(0.01ng ~ 0.1fg，CN = 2.65×10⁹ ~ 2.65×10⁴)　7. 阴性对照]
b. 免疫荧光方法的溶解曲线，峰值温度为84.40℃　c. 标准曲线

a

扩增曲线

b

标准曲线

Target: taq man Slope: -3.239 Y-Inter: 42.872 ᵖ². 0.994 Eff%: 103.572

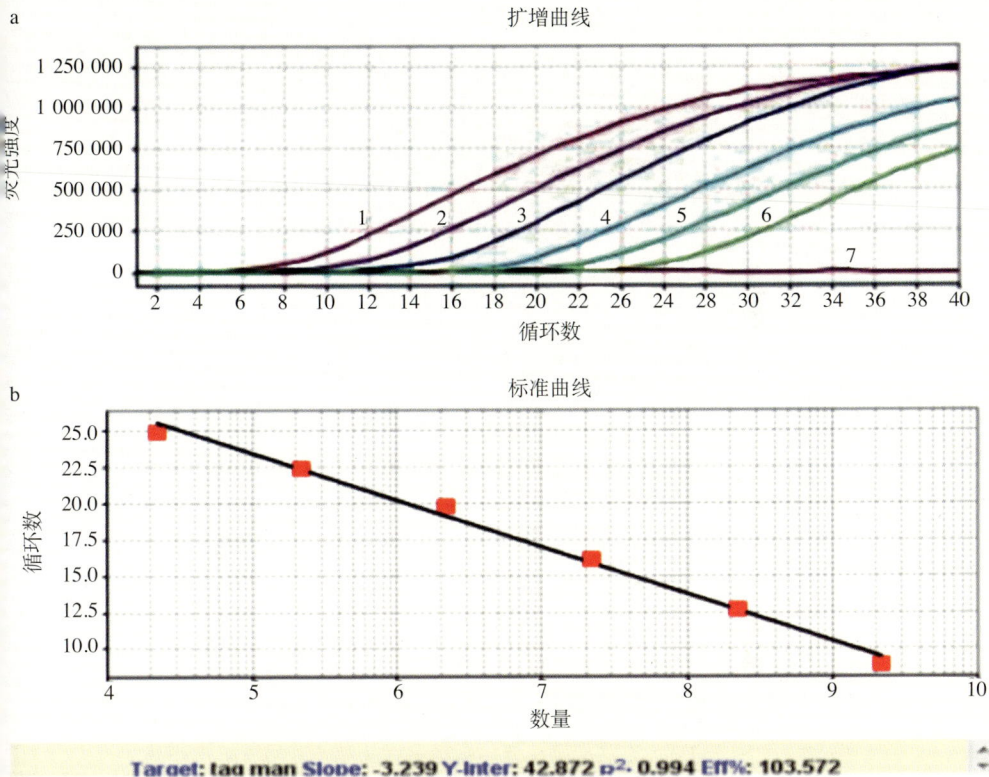

图29 TaqMan探针实时荧光定量PCR标准曲线

a. 实时扩增曲线 [1 ~ 6. 10倍稀释的重组质粒 (0.01ng ~ 0.1fg, CN = $2.65 \times 10^9$ ~ $2.65 \times 10^4$)
7. 阴性对照] b. 标准曲线

a

扩增曲线

b

标准曲线

Target: taq man  Slope: -3.541 Y-Inter: 43.044 R²: 1 Eff%: 91.594

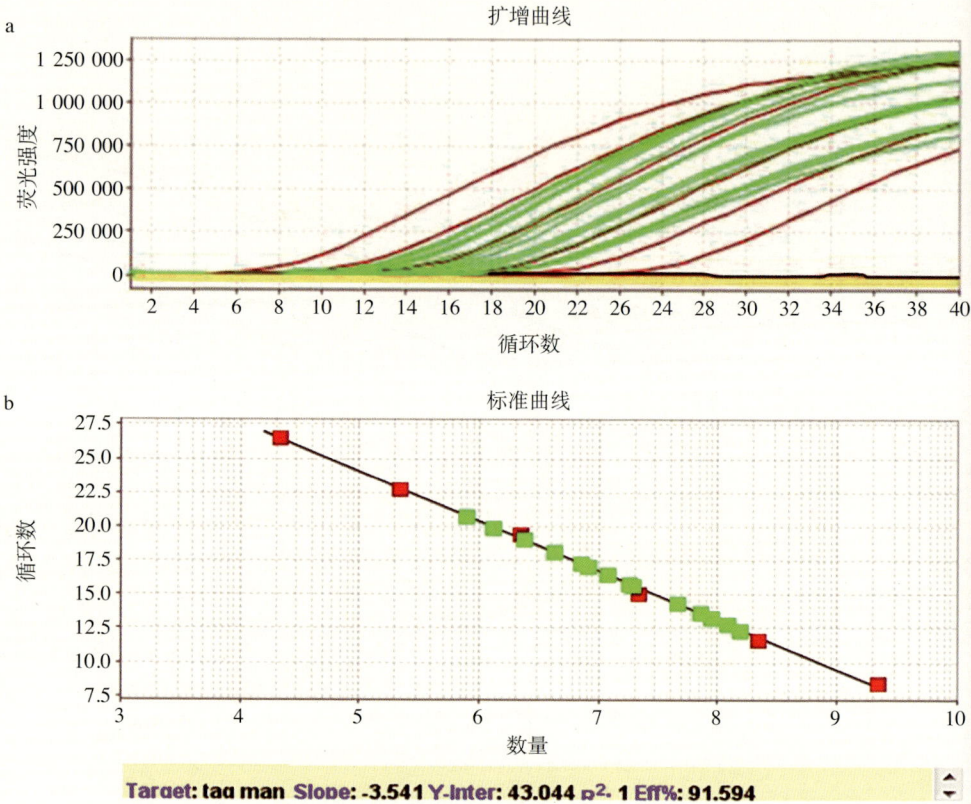

图 30　利用 TaqMan 方法检测小麦矮腥黑穗病菌和小麦网腥黑穗病菌

a. 实时扩增曲线　b. 标准曲线

注：a 中红线代表小麦矮腥黑穗病菌梯度稀释质粒的标准曲线（0.01 ng ~ 0.1 fg），绿线代表小麦矮腥黑穗病菌的扩增曲线，黄线代表小麦网腥黑穗病菌的扩增曲线，黑线代表阴性对照（健康小麦的 DNA）。

扩增曲线

a

标准曲线

b

Target: Taqman Slope: -3.866 Y-Inter: 45.427 ʀ². 1 Eff%: 81.406

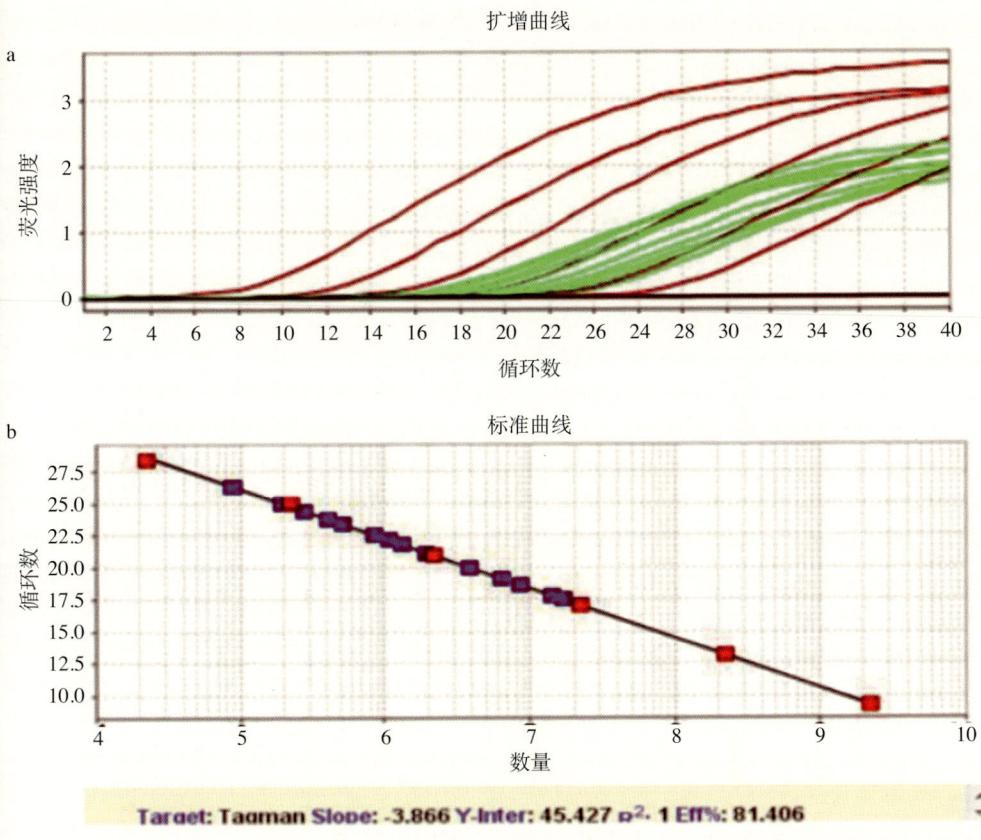

图31　不同发育阶段的小麦被矮腥黑穗病菌侵染的早期检测（TaqMan探针实时荧光定量PCR法）

a. 实时扩增曲线　　b. 标准曲线

　　注：a中红线表示10倍稀释的重组质粒（0.01ng～0.1fg，CN=$2.65 \times 10^9$～$2.65 \times 10^4$）的标准曲线，绿线表示不同发育阶段小麦样品，DNA黑线表示阴性对照

基于TaqMan探针的实时PCR引物序列、扩增体系、反应条件如下：

引物序列：

5'-ACGACCGACTTTCCGAGAGC-3'；

5'-GTGTGG-GACGAAGGCATCAA-3'。

TaqMan探针：FAM5'-ACGACTTGCGGTCCCTCCA-CA-3'TAMAR。

反应体系：10μL2×GoldStar TaqMan Mixture、浓度为10μmol/L的正反向引物各0.4μL、0.2μLTaqMan探针，2μL模板DNA（浓度0.1ng至0.1fg），无核酸酶水补齐至20μL。

反应条件：94℃预变性30s，94℃变性5s，60℃退火40s。

（4）微滴式数字PCR（droplet digital PCR，ddPCR）

从土壤样品中用特异引物扩增出目标DNA片段（图32、图33），使用质粒DNA的9个系列稀释液组成的标准曲线作为模板，使用SYBR Green Ⅰ建立实时PCR标准曲线（图34），此外，该方法还可以检测土壤样品中的病原菌含量（图35）。

Liu等（2020）建立了一种ddPCR的检测体系，对土壤中小麦矮腥黑粉菌冬孢子成功进行了检测，同时与传统PCR和实时荧光定量PCR的检测结果相比，ddPCR可

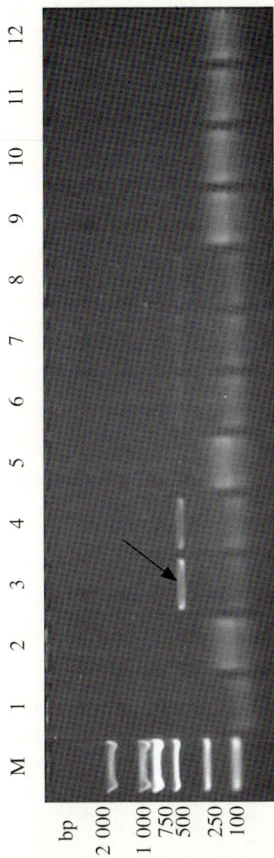

图 32　特异引物从土壤样品中扩增目标 DNA 片段

1～10.小麦矮腥黑粉菌土壤样品　11.小麦光腥黑粉菌土壤样品　12.ddH₂O　M.DL 2000 DNA marker

注：黑色箭头表示372bp目标条带。

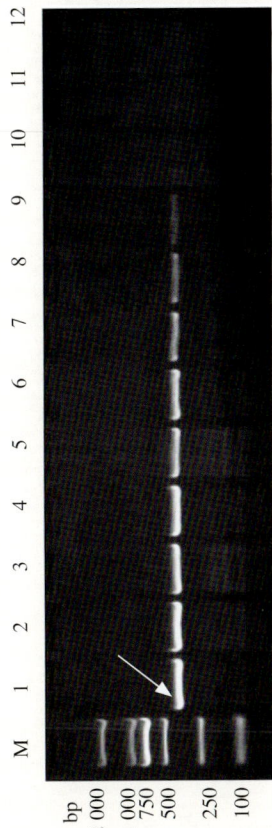

图 33　质粒 DNA 的电泳检测

1.小麦矮腥黑粉菌 DNA　2～10.10倍层稀的质粒 DNA（CN=7.97×10⁸～7.97×10⁰）11.小麦光腥黑粉菌 DNA　12.ddH₂O　M.DL 2000 DNA marker

注：黑色箭头表示372bp目标条带。

a

扩增曲线

b

Tm: 88.26

c

R² = 0.99  Slope: -3.626  Efficiency: 88.71%                    Y=-3.626X+37.968

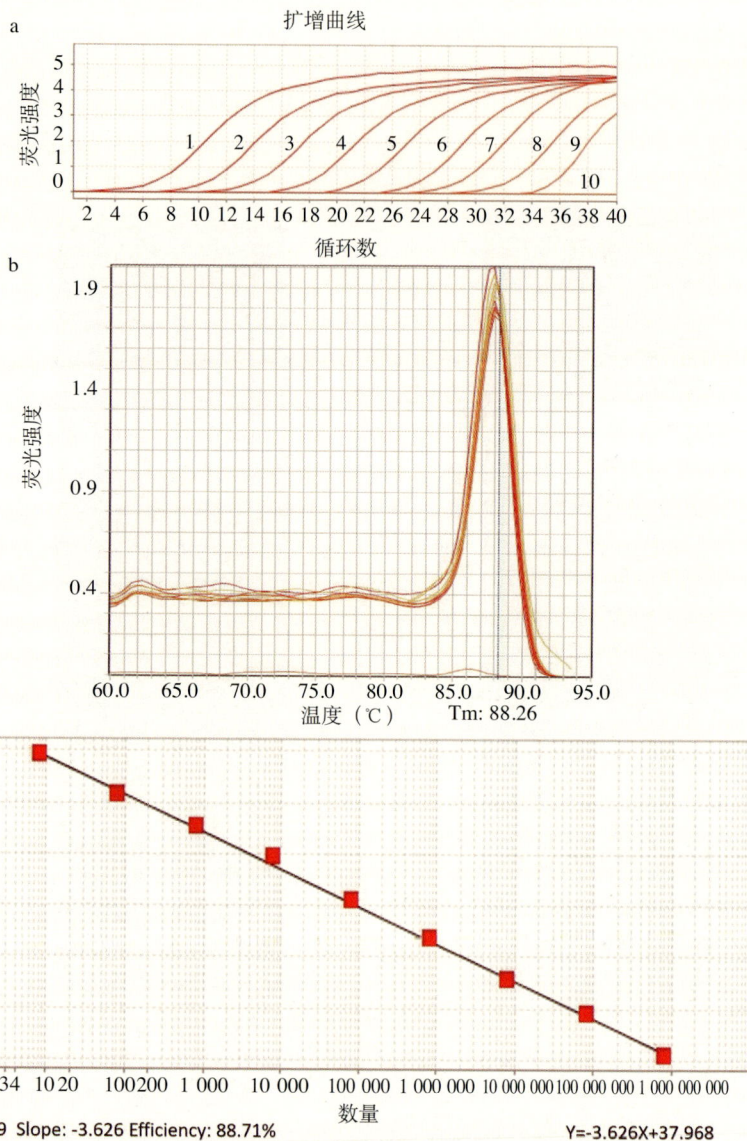

图34  通过 SYBR Green Ⅰ Real-Time PCR 建立的标准曲线

a. 实时扩增图（1 ~ 9 为质粒 DNA 标准品的 10 倍系列稀释液，10 为 ddH₂O）

b. SYBR Green Ⅰ的熔融曲线（峰值温度为 88.26 ℃）  c.标准曲线

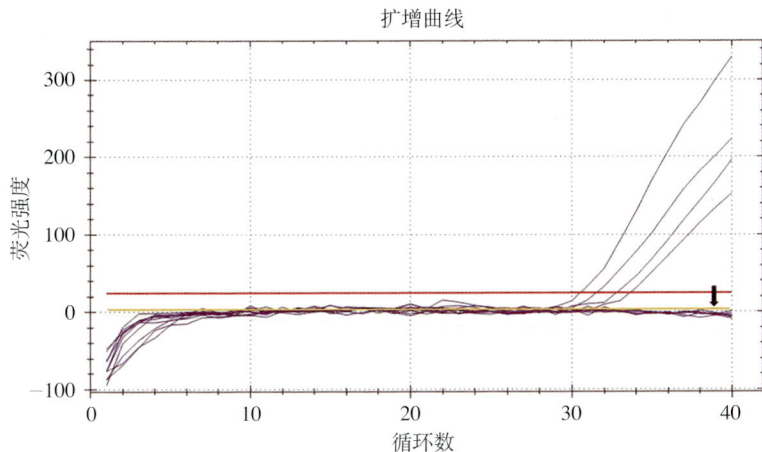

扩增曲线

图 35　SYBR Green Ⅰ 实时 PCR 检测土壤样品

注：实时扩增图谱，黄线带有黑色箭头代表阴性对照小麦光腥黑粉菌，蓝线代表含有小麦矮腥黑粉菌的土壤样品，红线表示阈值。

成功检测的浓度最低为 2.1 拷贝 /μL（图 36），灵敏度大幅提高。

ddPCR 技术可以很好地区分阳性和阴性液滴，在大多数具有大量微滴的样品中可以观察到浓缩的微滴荧光强度。ddPCR 技术成功且有效地检测了土壤中的小麦矮腥黑粉菌。此外，在含有小麦光腥黑粉菌的样品中没有观察到任何阳性微滴。结合 ddPCR 的标准，该方法能够区分小麦矮腥黑粉菌和小麦光腥黑粉菌。与传统 PCR 和实时荧光定量 PCR 相比，ddPCR 具有更高的灵敏度，并且能够准确检测阳性表达的拷贝数（图 37）。

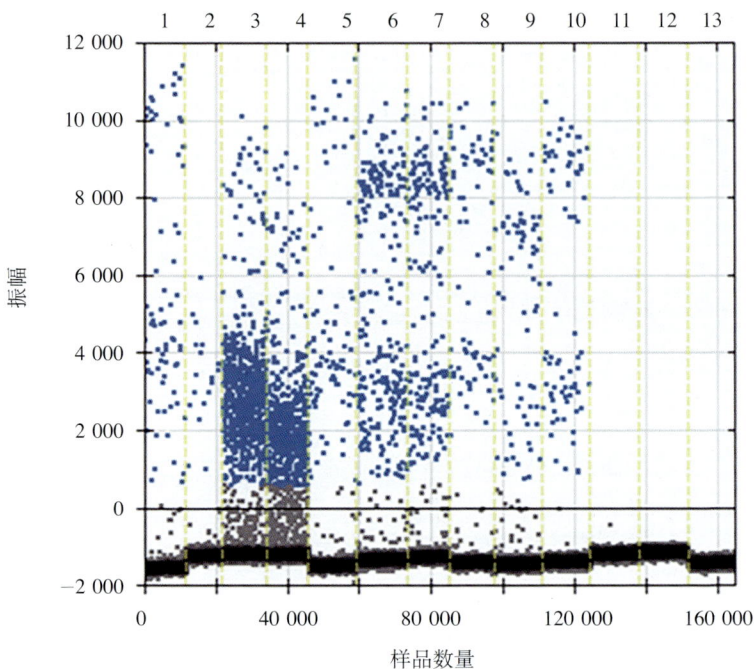

图36 ddPCR检测土壤样品的微滴分布图

1～10.小麦矮腥黑粉菌土壤样品 11～12.小麦光腥黑粉菌土壤样品 13.ddH₂O

注：蓝色点代表正滴，黑色点代表负滴。

具体的探针序列、扩增体系、反应条件如下：

探针：FAM5'-ACGACTTGCTCCCCCCACA-3' TAMRA。

反应体系：10μL ddPCR SuperMix、浓度为10μM的正反向引物各1.8μL、0.6μL探针、2.0μLDNA模板（10ng/μL），ddH₂O补齐至20μL。

反应程序分为2步：①95℃预变性10min，94℃变性

a

b

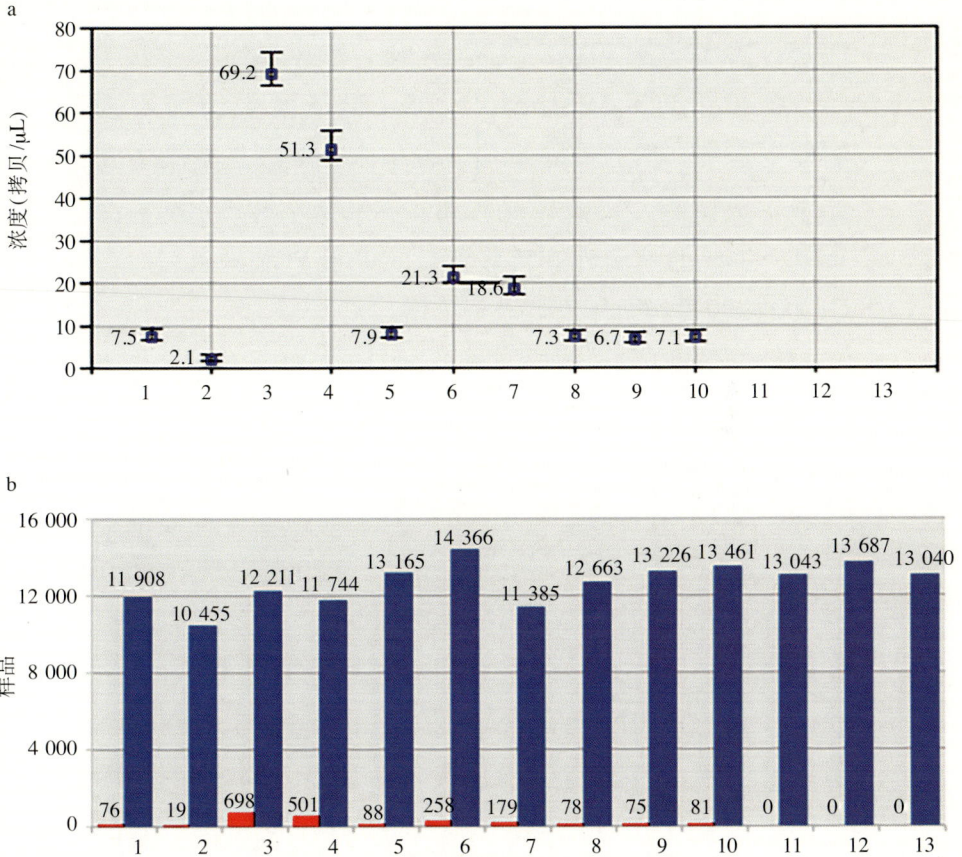

图37　利用ddPCR检测对土壤样品进行统计分析

a. 正拷贝数分析（1～10为小麦矮腥黑穗病菌土壤样品，11～12为小麦光腥黑穗病菌土壤样品，13为ddH$_2$O）　b. 液滴的数量分析（1～10为小麦矮腥黑穗病菌土壤样品，11～12为小麦光腥黑穗病菌土壤样品，13为ddH$_2$O）

注：红色柱为正滴，蓝色柱为总滴（正滴＋负滴）。

15s，58℃退火30s，72℃延伸30s，10个循环；②94℃变性15s，60℃退火30s，72℃延伸30s，30个循环。

将40μL PCR MasterMix和70μL微滴发生油加入微滴发生卡中。然后用隔膜覆盖发生卡，并放入微滴生成器中生成微滴，每个样品设置3个生物学和3个技术性重复。生成的液滴乳液转移到新的96孔PCR平板后，在C1000接触式热循环仪上进行扩增。

经过热循环后，平板被转移到微滴阅读器上，并通过Quanta Soft（Huggett et al.，2013）分析获得数据。试验设置3个重复。

(5) **环介导等温扩增**（loop-mediated isothermal amplification，LAMP）

Sedaghatjoo等（2021）利用LAMP（全程）引物O_8_2F3和O_8_2B3，从3株小麦矮腥黑粉菌（OA3、OR和ORB分离株）的DNA中扩增出预测长度（209 bp）的PCR产物，为证实扩增片段属于目标DNA序列，再次使用引物O_8_2F2和O_8_2B2对LAMP反应产生的最短扩增子进行测序，结果显示与来自基因组分析的目标DNA区域的序列一致性为100%。但当扩增从小麦网腥黑粉菌或小麦光腥黑粉菌样本中提取的DNA时，未获得PCR产物。LAMP方法的检出灵敏度为每次反应5 pg基因组DNA。

具体的引物序列、扩增体系、反应条件如下：

引物序列：

O_8_2F3：5'-GTGTATGAGCGTGAGT-TCGA-3'；

O_8_2B3：5'-CGACGCGTTTTGTGACATTC-3'。

扩增体系：2.5 μL 10×Amplifcation Bufer，引物O_8_2F3/O_8_2B3（10μmol/L）各0.2 μmol/L，8mmol/L MgSO$_4$，1.4 mmol/L dNTPs，0.5 mol/L betaine，8 U Bst DNA Polymerase 2.0，100 μmol/L Neutral Red，1 μL 模板DNA（500 pg/μL）。

反应条件：反应混合物65℃孵育45 min，加热至80℃持续5 min终止反应。

(6) 随机扩增多态性DNA（random amplified polymorphic DNA，RAPD）

年四季等（2007）采取RAPD引物介导的半特异PCR技术，利用引物P232BA0166/CQUTCK1筛选鉴定出小麦矮腥黑粉菌独有的大小为1 322bp的差异基因组片段。根据该片段序列设计筛选出2对特异性引物CQUTCK2/ CQUTCK3和CQUTCK4/ CQUTCK5，均可从小麦矮腥黑粉菌菌株的菌丝体和冬孢子DNA中稳定地扩增出747 bp和200 bp的单一靶带DNA，而在小麦网腥黑粉菌菌株的菌丝体或冬孢子DNA中均无任何扩增产物。

具体的引物序列、扩增体系、反应条件如下：

引物序列：

P232BA0166：5'-AAGGCGGCAG-3'；

CQUTCK1：5'-CCCTAAACCCTAACCCTAACCCAA-3'。

扩增体系：2.5μL10×缓冲液（包括$Mg^{2+}$），0.1μLdNTP（10mmol/L），引物P232BA0166/CQUTCK1（10μM）各1μL，0.4μLTaq酶，1μL模板DNA（40ng/μL），$ddH_2O$补齐至25μL。

反应条件：①94℃ 4min，1个循环；②高严谨性循环：94℃变性30s，53℃退火45s，72℃延伸1min，5个循环；③复合循环：共进行10个复合循环，每个复合循环依次包括2个高严谨性循环，1个低严谨性循环：94℃ 30s，36℃ 45s，72℃ 1min；④72℃ 10min。

PCR反应引物序列如下：

CQUTCK2：5-'TCTAACTTACCTCGCGGATGG-3'；

CQUTCK3：5'-ACGCAGTGACGGGTGGATA-3'。

CQUTCK4：5'-AGTGCTGAGGCCGAAAAGGT-3'；

CQUTCK5：5'-TTCTGGGCTCCACGACGTAT-3'。

PCR扩增体系：2.5μL10×缓冲液（包括$Mg^{2+}$），0.1μLdNTP（10mmol/L），引物CQUTCK2/CQUTCK3（10μmol/L）或CQUTCK4/CQUTCK5（10μmol/L）各1μL，0.4μLTaq酶，1μL模板DNA（40ng/μL），$ddH_2O$补齐至25μL。

PCR反应条件：94℃预变性2min；94℃变性30s，60℃退火30s，72℃延伸45s，30个循环；72℃延伸8min。

# 三、侵染循环

　　小麦矮腥黑穗病的初侵染源是前茬病株上散落在土壤中的菌瘿和（或）冬孢子，以及被风从邻近地区吹来的散落在土壤表面的病原菌冬孢子。低温干燥地区有利于冬孢子在土壤中的存活，土壤带菌在侵染循环中的作用也就更大。冬孢子在土表或近土表萌发后侵入丝穿透幼苗，冬孢子萌发形成的侵染菌丝具备穿透幼苗并侵染发病的能力，侵染菌丝通过分蘖原细胞穿过寄主并在细胞间生长，于小麦拔节期前到达生长点。小麦处于节间伸长期时，菌丝随着顶端分生组织的分裂和生长在细胞间移动而遍及顶端组织并到达花器进行侵染，导致子房内组织完全被破坏，使籽粒内充满黑粉形成菌瘿，成熟的黑粉粒破碎后冬孢子散落在土壤表面，再次成为初侵染的来源。

　　土壤传播是小麦矮腥黑粉菌的重要传播途径。混杂于小麦籽粒间的病原菌菌粒及其碎块和种子上的冬孢子是病原菌远距离传播的重要途径。进口带菌小麦是小麦矮腥黑粉菌传入的一个重要渠道，试验证明进口小麦检验时截获的病瘿或其碎块具有很强的萌发活性和侵染活性，因而在运输、仓储和加工期间散落的病麦、菌瘿碎块和带菌粉尘将持续累积，一旦进入农田就会在土壤中存活多年。当病原菌孢子累积到一定数量，遇有适宜的气候条件和感病寄主时即可侵染发病（图38）。

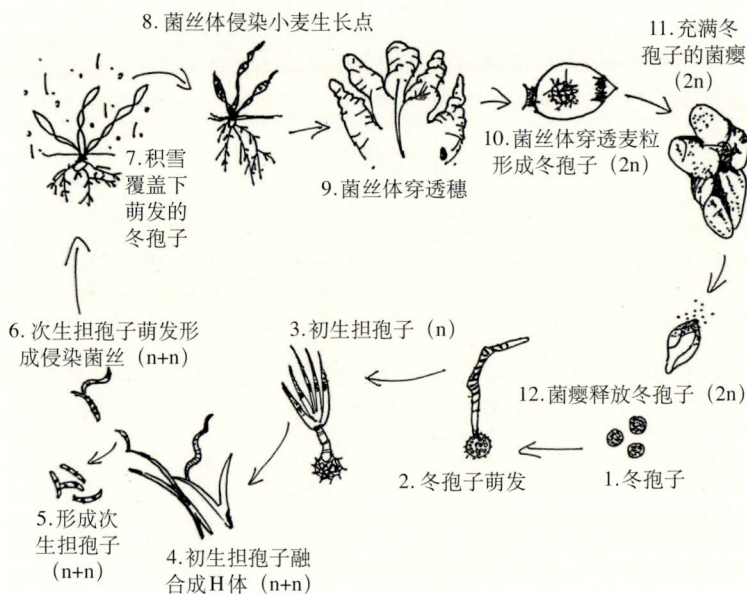

图38　小麦矮腥黑穗病菌的侵染循环

# 四、发生规律

　　小麦矮腥黑粉菌主要为害冬小麦。冬孢子萌发主要受温度、湿度和光照的影响。其中，温度是最主要的因素，冬孢子萌发温度范围是$-2 \sim 12℃$，一般在$3 \sim 8℃$时萌发良好，以$5℃$为最适。最低为$0℃$，最高为$10℃$。当温度为$4 \sim 6℃$时，在光照条件下，冬孢子通常经$3 \sim 5$周后萌发，有的菌株经$7 \sim 10$周后才开始萌发。病原菌侵染周期较长，可达$3 \sim 5$个月。土壤中的冬孢子萌发后侵染小麦幼嫩的分蘖处，逐步进入穗原始体、各个花器，破坏子房，形成冬孢子堆。病原菌冬孢子在实验室适宜条件下可以保存10年以上仍然具有萌发能力，自然条件下有极强的抗逆性，一般在土壤中$3 \sim 7$年仍保持活力。

　　发病程度依赖于大面积感病品种的种植、土壤中足够引起侵染的冬孢子浓度、数周持续的积雪覆盖、相对稳定的日均温度等条件。研究发现，病害严重程度取决于长时间由深厚而持续的积雪覆盖所提供的持续低温和水分条件。积雪给冬孢子的萌发和侵染提供了一个稳定的低温、湿润和有一定光照的小环境。

依据该病害的发生规律，姚卓等建立了小麦矮腥黑粉菌的人工接种体系（图39），冬孢子在培养基上萌发

冬孢子

萌发的冬孢子

初生小孢子（即担孢子）

充满冬孢子的菌瘿

叶片上出现清晰的
黄色病斑

次生担孢子和侵染菌丝

充满冬孢子的
成熟孢子堆

菌丝体穿透正在发育的麦
粒并形成冬孢子

侵染菌丝在适宜的温度条
件下侵染小麦幼苗

图39　小麦矮腥黑粉菌的人工接种

后，将小麦和萌发后的冬孢子共同培养（5℃），直到小麦苗长到3～5厘米，然后将麦苗种植到直径为24cm的塑料盆中，在白天30℃、夜晚18℃的生长培养箱中培养至植株成熟，可获得小麦矮腥黑穗病的发病植株。

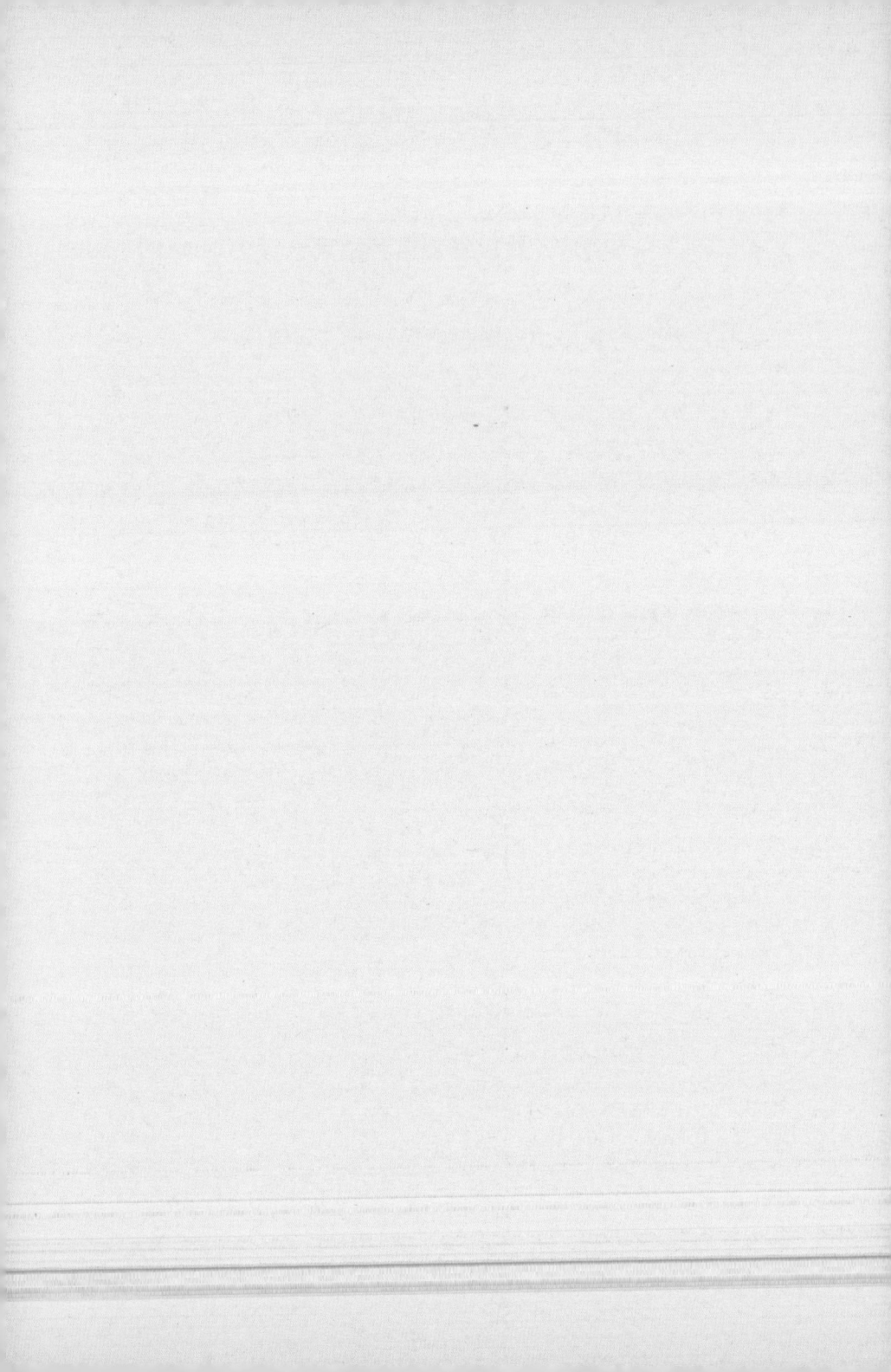

# 五、防治关键技术

## （一）植物检疫

严格执行进口小麦以及原粮的检验检疫制度，带菌进口小麦或原粮应进行加工灭菌处理。严格执行检疫措施是防治工作中最积极有效的方法。

## （二）选用抗病品种

由于病原菌致病性和品种抗病性的变化，需要不断培育新的抗病品种。目前的品种有美国育成的抗病品种：Cardon，Crest，Franklin、Hansel、Jeff、Manning、Ranger及Weston等硬红冬麦和Luke、Moro等软白冬麦；我国鉴定筛选的品种：中植四号等抗病高产品种（系）。宗倩倩等（2020）为了解新疆种植的部分冬小麦品种对该病的抗性情况，以新冬系列多个品种和伊农18为试验材料，通过温室人工接种鉴定法评价各参试品种对该病的抗性。发现除对照外的41个品种中，有1个感病品种、2个抗病品种、3个中抗品种、35个高抗品种。综合各品种表现，筛选出新冬17、新冬18、新冬22、新冬53作为

新疆地区抗小麦矮腥黑穗病的种质材料。

## （三）栽培措施

调整耕作制度，用春小麦代替冬小麦，可避免该病的侵染，深播或过早过迟播种也都能降低该病危害。采用轮作，坚持5～7年内凡发生过小麦矮腥黑穗病的土壤不要种小麦。

## （四）化学防治

苯醚甲环唑对小麦矮腥黑粉菌具有很好的防治效果；萎锈灵、乙环唑、三唑酮、三唑醇和五氯硝基苯对种传和土传接种体的侵染均有防效；仅防治种传病原菌的包括苯菌灵、代森锰锌。在仅针对种传的病原菌试验中，三唑类杀菌剂腈菌唑具有较好杀菌作用。

高飞,高利,刘太国,等,2010.小麦矮腥黑粉菌及其近缘种的RPB2
基因片段序列分析.植物保护,36(1),42-46.

梁再群,郭翼奋,朱颖初,1982.根据统计分析冬孢子形态特性区分
小麦矮腥黑穗病和网腥黑穗病的方法.植物保护学报,4:243-250.

年四季,殷幼平,袁青,等,2007.小麦矮腥黑穗菌差异片段筛选与
分子检测体系的建立.微生物学报,4:725-728.

万方浩,2011.生物入侵——检测与监测.北京:科学出版社.

蔚慧欣,高利,康晓慧,等,2016.应用激光共聚焦显微扫描技术鉴
别小麦矮腥黑穗病病菌和小麦光腥黑穗病病菌冬孢子.中国植保
导刊,36(2):5-8.

杨岩,庞家智,陈新民,1999.小麦腥黑穗病和黑粉病.北京:中国农
业科学技术出版社.

姚卓,陈万权,高利,等,2014.小麦矮腥黑粉菌冬孢子萌发和室内
人工接种方法的探索.植物保护,40(3):122-126.

中国农业科学院植物保护研究所,中国植物保护学会,2015.中国
农作物病虫害.3版.北京:中国农业出版社:615-618.

周益林,段霞瑜,贾文明,等,2007.小麦矮腥黑穗病(TCK)传入中

国及其定殖的风险分析研究进展.植物保护,33(2): 6-10.

宗倩倩,陈万权,刘太国,等,2020.新疆冬小麦品种对矮腥黑穗病的抗性评价.中国植保导刊,40(3),81-83.

Gao L, Chen W Q, Liu T G, 2010. Development of a SCAR marker by inter-simple sequence repeat for diagnosis of dwarf bunt of wheat and detection of *Tilletia controversa* Kühn. Folia. Microbiol., 55(3): 258-264.

Gao L, Chen W, Liu T G, 2011. An ISSR-based approach for the molecular detection and diagnosis of dwarf bunt of wheat, caused by *Tilletia controversa* Kühn. J. Phytopathol, 159(3): 155-158.

Gao L, Li B M, Feng C W, et al., 2015. Detection of *Tilletia controversa* using immunofluorescent monoclonal antibodies. J Appl. Microbiol, 118(2): 497-505.

Gao L, Yu H X, Han W S, et al., 2014. Development of a SCAR marker for molecuLar detection and diagnosis of *Tilletia controversa* Kühn, the causal fungus of wheat dwarf bunt. World. J. Microbiol. Biotechnol., 30(12): 3185-3195.

Hoffman J A, 1982. Bunt of wheat. Plant Disease: 979-986.

Jia W M, Zhou Y L, Duan X Y, et al., 2013. Assessment of risk of establishment of wheat dwarf bunt (*Tilletia controversa*) in China. Journal of Integrative Agricultural(1): 8.

Liu J H, Gao L, Liu T G, et al., 2009. Development of a SCAR marker for diagnosis of dwarf bunt of wheat and detection of *Tilletia controversa* Kühn. Lett. Appl. Microbiol, 49: 235–240.

Liu J, Li C, Muhae-ud-din G, et al., 2020. Development of the droplet digital PCR to detect the teliospores of *Tilletia controversa* Kühn in the soil with greatly enhanced sensitivity. Front. Microb., 11: 1-9.

Sedaghatjoo S, Forster M K, Niessen L, et al., 2021.Development of a loop-mediated isothermal amplifcation assay for the detection of *Tilletia controversa* based on genome comparison. Sci. Rep., 11: 11611.

Trione E J, 1989. Growth and sporμLation of the dikaryons of the dwarf bunt fungus in wheat plants and in culture . Can. J. Bot: 1671-1680.

Young P A, 1935. A new variety of *Tilletia triticiin* Montana. Phytopathology, 25: 40.

**图书在版编目（CIP）数据**

小麦矮腥黑穗病诊断与防治手册 / 高利主编.
北京：中国农业出版社，2024.12. -- ISBN 978-7-109
-32127-4

Ⅰ. S435.121.4-62

中国国家版本馆CIP数据核字第2024SV6376号

中国农业出版社出版

地址：北京市朝阳区麦子店街18号楼
邮编：100125
责任编辑：阎莎莎　杨彦君
版式设计：王　晨　　责任校对：吴丽婷　　责任印制：王　宏
印刷：中农印务有限公司
版次：2024年12月第1版
印次：2024年12月北京第1次印刷
发行：新华书店北京发行所
开本：880mm×1230mm　1/32
印张：2
字数：35千字
定价：39.00元

**版权所有·侵权必究**

凡购买本社图书，如有印装质量问题，我社负责调换。

服务电话：010 - 59195115　010 - 59194918